Droplet Splashing Dynamics

液滴飞溅动力学

郝继光 著

北京理工大学出版社
BEIJING INSTITUTE OF TECHNOLOGY PRESS

内 容 简 介

本书针对液滴撞击现象（侧重于飞溅现象），简要介绍了国内外研究现状、常用的研究方法及其基础理论，重点介绍了从表面运动速度、表面粗糙度、表面倾斜角度等方面对液滴飞溅开展的研究及发现的大量新现象，从理论上分析了其形成机理、建立了预测模型，并将理论值与实验结果进行了对比验证。这些研究结果既能为进一步研究飞溅机理提供新的思路和方向，也能为工程中对飞溅进行精细调制提供依据，从而有助于提升相关工程应用技术。

本书既可作为流体相关专业研究生的教材，也可供有关科研人员和工程技术人员参考。

图书在版编目（CIP）数据

液滴飞溅动力学/郝继光著 . —北京：北京理工大学出版社，2020.3
ISBN 978 – 7 – 5682 – 8267 – 3

Ⅰ. ①液… 　Ⅱ. ①郝… 　Ⅲ. ①液滴 – 飞溅 – 动力学 – 研究 　Ⅳ. ①TQ038.1

中国版本图书馆 CIP 数据核字（2020）第 047745 号

出版发行／北京理工大学出版社有限责任公司
社　　址／北京市海淀区中关村南大街 5 号
邮　　编／100081
电　　话／（010）68914775（总编室）
　　　　　（010）82562903（教材售后服务热线）
　　　　　（010）68948351（其他图书服务热线）
网　　址／http：//www. bitpress. com. cn
经　　销／全国各地新华书店
印　　刷／三河市华骏印务包装有限公司
开　　本／710 毫米×1000 毫米　1/16
印　　张／12.75
彩　　插／6　　　　　　　　　　　　　　　　责任编辑／曾　仙
字　　数／235 千字　　　　　　　　　　　　　文案编辑／曾　仙
版　　次／2020 年 3 月第 1 版　2020 年 3 月第 1 次印刷　　责任校对／周瑞红
定　　价／58.00 元　　　　　　　　　　　　　责任印制／李志强

前　言

　　液滴撞击固体表面的现象广泛存在于自然界和一系列工农业应用中，实例包括气溶胶形成、雨滴撞击岩石土壤、超冷大雨滴撞击飞机翼面成冰、喷墨打印、微流体加工、三维打印、液体燃料燃烧、喷涂、冷却、农药喷洒等。液滴撞击固体表面后，可能形成飞溅、沉积或反弹现象。由于液滴撞击表面后形成的现象及其机理并未被充分理解，成为众多基于液滴的应用技术提升的瓶颈，因而液滴撞击表面现象引起了国内外学者的广泛关注。从 Worthington 于 1876 年首次关注该现象以来，学者们已获得大量研究成果。其中，液滴在固体表面的飞溅是一个非常美丽又吸引人的现象，涉及液体、气体和固体三相间的高速动力学，其形成机理迄今尚未形成共识，因此对其开展研究可极大提升对其形成机理的理解，为各种应用下的精细调制提供依据，从而提升相关的各项工农业应用技术。

　　本书旨在为相关科研人员系统地提供液滴撞击研究的背景和方法，并总结笔者近年来对于液滴飞溅的机理研究，希望起到抛砖引玉并缩短研究周期的作用。全书共分 7 章：

　　第 1 章，绪论。系统地介绍了液滴撞击研究的背景、国内外研究现状；简述了本书的主要研究内容。

　　第 2 章，研究方法。介绍了液滴撞击固体表面的实验方法、液滴飞溅的理论分析方法；列出了部分计算液滴最大铺展直径的模型。

　　第 3 章，表面速度对液滴飞溅的影响。发现了降低环境压强可以抑制液滴上游强化飞溅；测量了一系列条件下的临界参数；解释了液滴非对称飞溅及其抑制机理；扩展了于2014年提出的液滴对称飞溅临界参数预测模型。

第4章，表面粗糙度对液滴飞溅的影响。发现了与前人共识相悖的现象；测量了系列条件下形成皇冠型飞溅和微液滴飞溅的临界参数；解释了轻微粗糙表面对不同表面张力液滴飞溅的影响。

第5章，表面倾斜角度对液滴飞溅的影响。研究了液滴在不同环境压力下撞击倾斜表面的飞溅；获得了一系列条件下的飞溅临界参数；建立了一个理论模型；发现了液膜前端速度是触发飞溅的关键参数。

第6章，非对称液滴飞溅。发展了一种新的观测方法，并由此发现了三个新现象；测量了飞溅区域随一系列参数的变化；将原有的二维模型扩展到三维空间，进一步确认了液膜前端速度对飞溅形成的关键作用。

第7章，总结与展望。对全书工作进行了总结，对存在的问题进行了分析，对未来需要进一步开展的研究进行了展望。

本书内容在研究过程中，获得了国家自然科学基金委的基金（编号：51406012）支持；同时，笔者得到了北京理工大学宇航学院胡更开教授、加拿大西安大略大学机械与材料工程系 J. M. Floryan 教授、加拿大英属哥伦比亚大学机械工程系 S. I. Green 教授长期的大力支持和帮助，在与他们大量具有启发性的讨论中，笔者受到了极大的鼓舞和启示，从而得以完成这些研究；北京理工大学宇航学院马少鹏教授、田强教授和马沁巍博士无私地为本研究提供了高速摄影设备，若没有这一强力支持，本书所列研究将完全无法开展；研究生吴志鹄、鲁杰、李亚磊和徐龙整理了参考文献列表，研究生鲁杰实施了第5章和第6章的部分实验；在撰写过程中，笔者参考了大量文献，同时得到了有关单位的大力支持和帮助，难以一一列出，谨在此一并表示衷心的感谢。

虽然笔者在本书的撰写过程中做了种种努力，力求以更高的质量将本书呈现给读者，然而由于笔者水平有限，同时时间仓促，书中可能存在不足之处，敬请广大读者批评指正。

郝继光

2019 年 9 月

目　录

第 1 章

绪　　论

|1.1 研究背景与意义|

液滴撞击固体表面的现象广泛存在于自然界和一系列工农业应用中，实例有气溶胶的形成、雨滴撞击岩石土壤、超冷大雨滴撞击飞机翼面成冰、喷墨打印、微流体加工、三维打印、液体燃料燃烧、喷涂、冷却、农药喷洒等。图1-1所示为自然界和部分典型工农业应用及其中的液滴碰撞现象。液滴撞击固体表面后，会在液滴周向形成一圈液膜，受液滴属性（撞击动能、黏性、表面张力、温度）、表面属性（运动速度、倾斜角度、粗糙度、润湿性、柔性、温度）、气体属性（压强、分子量）等因素的影响，可能形成飞溅、沉积或反弹现象[1-4]。

如果撞击速度大于某一临界速度，那么液滴碰撞表面后形成的液膜将脱离表面，在空气中飞行并形成皇冠形状，在液膜前端射出微小的二次液滴，形成被称为飞溅的物理现象，如图1-2（a）所示。在液滴撞击速度小于该临界速度的情况下，根据被撞击表面的属性，在亲水表面上液膜周向铺展，形成最大铺展直径（D_{max}），此后，取决于接触角，液膜可能回缩（接触角大时）或不发生回缩（接触角小时），稳定后形成剩余铺展直径，这一现象称为沉积，如图1-2（b）所示。在疏水或超疏水表面上，液滴碰撞后形成的液膜沿周向铺展，达到最大铺展直径（D_{max}）后快速回缩，缩至最小直径时，液滴全部（或部分）反弹离开被撞击表面，这一现象称为反弹，如图1-2（c）所示。

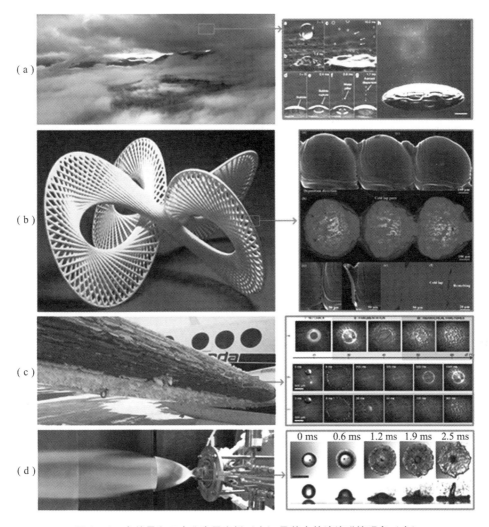

图 1-1　自然界和工农业应用实例（左）及其中的液滴碰撞现象（右）

（书后附彩插）

（a）云层及液滴碰撞形成构成云层的气溶胶[5]；（b）三维打印及材料液滴的碰撞[6]；

（c）翼面结冰及水滴的成冰过程[7]；（d）液体火箭发动机燃烧及燃烧室内液滴撞过热壁面[8]

液滴在固体表面的飞溅广泛存在于自然界和各种应用。例如：雨后能闻到泥土的气息，是由于雨滴撞击土壤后飞溅形成的气溶胶带起了土壤颗粒引起的；含农药的液滴喷洒到植物叶面上，由于飞溅和反弹，最高可有 88.8% 的喷洒量残留在土壤中，为达到相同的杀虫效果，不得不增加有害农药的使用

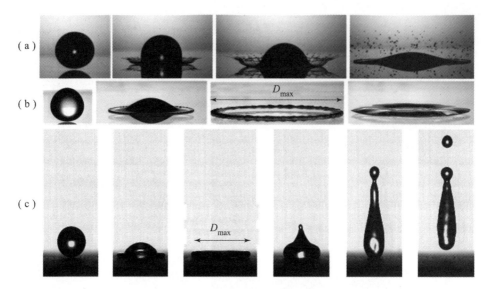

图1-2 液滴撞击固体表面形成的典型物理现象的时序图像

(a) 飞溅；(b) 沉积；(c) 反弹

量；工业中喷射液滴进行打印、喷涂、增材制造、冷却、燃烧、混合的应用中，也都可能出现液滴的飞溅。在有些应用场合（如燃烧、冷却、混合等），液滴飞溅对于增加气液接触面积是有利的；而在另外一些场合（如打印、喷涂、增材制造、农药喷洒等），液滴飞溅对于液体的均匀布洒是不利的。因而液滴在应用中的飞溅可利可弊，对其进行调控的需求广泛存在。为实现对液滴飞溅的调控，就必须理解其形成机理。然而，历经逾140年的研究[9]，液滴飞溅的形成机理由于其高度瞬态的特性和复杂多变的影响因素而仍未达成共识[1]，依旧吸引大量学者从实验[10-17]、数值模拟[18-20]和理论分析[21-23]角度开展研究。

液滴在固体表面的沉积是打印、喷涂、增材制造等应用的基础，精确确定液滴的沉积面积、达到预设铺设面积的时间及对应的流量，可极大地提高这些应用的精度和效率。然而，对液滴碰撞固体表面后形成的最大直径和残余直径的理解及现有的模型同样存在争议[1]。

综上所述，液滴在固体表面形成飞溅和沉积现象的机理尚未达成共识，对其开展研究可极大地提升和完善对其物理机理的理解，并为各种应用下的精细调制提供依据。由此，本项目的研究兼具显著的学术价值和广泛的应用前景。

|1.2 国内外研究现状|

　　液滴撞击固体表面形成飞溅和沉积的现象在自然界、工农业和航空航天应用中广泛存在。这是一种非常美丽的流体现象，从 Worthington 于 1876 年开始对其首次开展研究以来，该现象已经吸引了大量学者的关注，采用不同的方法开展了大量研究，发现了很多新现象，提出了众多理论模型，下面对这两方面研究的国内外现状分别进行介绍。

1.2.1 液滴飞溅

　　飞溅（图 1 - 3）是液滴碰撞固体表面后形成的三种现象中理解最少的一种[10]，通常分为微液滴飞溅和皇冠型飞溅两种类型[1]。微液滴飞溅是指新的微小液滴直接从气、液、固三相移动接触线处飞出，如图 1 - 3（a）所示；皇冠型飞溅是指整体脱离表面的液膜在空气中流动形成皇冠形状并最终破碎形成新的微小液滴，如图 1 - 2（a）和图 1 - 3（b）[11 - 15]所示。这两种飞溅现象的形成受表面粗糙度等参数的显著影响[12 - 15]，但是在早期的研究中，学者们并未区分它们。近年来，Josserand 和 Thoroddsen[1]建议在研究中区分它们，尤其是在液滴撞击复杂（粗糙、疏水等）表面的情况下。

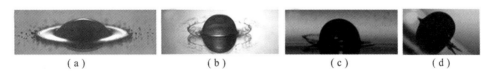

（a）　　　　　　　（b）　　　　　　　（c）　　　　　　　（d）

图 1 - 3　液滴飞溅的形式

（a）微液滴飞溅；（b）皇冠型飞溅；

（c）在运动表面的非对称飞溅；（d）在倾斜表面的非对称飞溅

　　要想系统地对液滴非对称飞溅开展研究，有必要先充分了解液滴飞溅的影响因素和形成机理的研究现状及发展动态。下面将分别对其进行分析。

1. 液滴飞溅的影响因素

　　一般认为，液滴飞溅的形成主要受液滴属性（撞击速度、直径、密度、表面张力、黏性）、被撞击表面属性（运动速度、倾斜角度、粗糙度、润湿性、温度、柔性）和环境气体属性（压强、分子量）的影响[1]。

在液滴垂直撞击干燥、光滑表面的情况下，液滴惯性越大，表面张力越小，就越容易出现飞溅[1,13]。近年的研究发现，液滴黏性对飞溅的影响是非单调的[11,24]，即在相同条件下，随着液滴的黏性增大，飞溅被加强，但随着液滴的黏性继续增大，飞溅被抑制。

同时，被撞击表面的属性也可显著影响液滴飞溅。例如，表面粗糙度通常被认为可强化微液滴飞溅，并抑制皇冠型飞溅[13-15,25-28]，然而 Hao[12]发现表面粗糙度对皇冠型飞溅的影响是非单调的，这也说明表面粗糙度对于液滴飞溅的影响仍未获得充分理解[1]。此外，粗糙表面上的移动接触线问题仍是一个开放的课题[29]，这进一步增加了理解表面粗糙度对液滴飞溅影响机理的难度。受荷叶等的超疏水特性驱动，改变表面润湿性是近年来非常热门的研究方向[30,31]，而表面润湿性可显著影响液滴飞溅[1]。一般认为，接触角越大，就越容易出现飞溅[18]。然而，Latka 等[32]的发现说明，润湿性对液滴飞溅的影响也存在争议。出于显著的应用需求（燃烧、翼面防冰等），被撞击表面温度对液滴撞击结果的影响是引起学者们兴趣的另一个研究方向，一些新现象已被发现，如液滴飞溅临界速度在莱顿弗罗斯特（Leidenfrost）温度上下会出现间断[33,34]；与之相对，针对液滴或超冷液滴撞击低温表面的研究表明，液滴和表面温度均显著影响撞击结果[35-38]。此外，柔性表面可以抑制飞溅[39,40]。关于表面速度和倾斜角度对飞溅的影响，前已述及，此处不再赘述。可见，表面属性有多少种可能性，其对液滴飞溅的影响就有多少种可能性，这极大地增加了对液滴飞溅研究的难度，同时也在不断丰富液滴撞击研究的范畴。

2005 年，芝加哥大学的 Xu 等[41]发现降低环境气体压强至某一临界压强以下，可完全抑制液滴的飞溅，而且临界压强随气体分子量的增加而减小。此后，学者们对不同情况下气体压强对液滴撞击的影响开展了深入的研究，如液滴撞击粗糙表面[14]、纹理表面[42]、运动表面[11]、云母表面[43]、黏性液滴撞击[15,24,44]等，获得了丰硕的研究成果，并进一步确认了气体属性是液滴飞溅形成的一个不可忽视的关键因素。

2. 液滴飞溅形成机理及临界值预测模型

Xu 等[41]的开创性发现触发了至今十几年对液滴飞溅现象背后的物理机理开展研究的热潮，很多提议和模型被提出[20-23,45-47]，但是如前所述，影响液滴飞溅的因素众多，要想建立一个统一的理论来解释液滴在各种条件下的飞溅，仍需要进行更系统、深入的研究[1]。

早期，学者们认为液滴飞溅主要受液滴自身属性的影响，因而形成飞溅所需的临界速度通常是由 Stow 等[26]及 Mundo 等[25]基于惯性动力学和他们的实验提出的著名的飞溅参数模型来预测：$K = WeOh^{-2/5}$。其中，We 为韦伯数，Oh 为奥内佐格数。

　　该模型已被广泛用于分析不同条件下的液滴飞溅，包括液滴撞击干燥表面和薄液膜[48]、运动表面[10]、液体池[49]、纹理表面[50]、粗糙和多孔表面[12,28]，以及低黏性液滴撞击[44]等。

　　然而，由于飞溅参数模型仅考虑液滴属性的影响，未考虑表面属性对飞溅的影响，因此 Rioboo 等[13]认为它是不完整的。此外，该模型也无法考虑气体属性对飞溅的影响，Xu 等[41]的发现进一步证明了它的局限性。Xu 等[41]认为，飞溅是由液滴底部裹入气体的可压缩效应导致的，基于此，他们提出了一个模型来用于分析液滴飞溅临界值（指临界速度和临界压强）。2007 年，Xu[45]认为在液膜铺展过程中，液滴底部气体出现了 Kelvin - Helmholtz 失稳，导致液滴飞溅，并以此推导出了同样的模型。此后，Kelvin - Helmholtz 失稳还被 Kim 等[50]和 Liu 等[47]用于解释液滴撞击纹理表面形成的飞溅现象。Jian 等[20]认为，气体的惯性是通过一种类似 Kelvin - Helmholtz 失稳的机制来影响液滴飞溅的，这从数值模拟的角度呼应了 Xu[45]的提议。

　　2009 年，哈佛大学的 Mandre 等[23]提出，液滴是在气体薄层上铺展的，其飞溅也是在液膜和表面有物理接触之前发生的。基于此，他们建立了一个研究液滴飞溅的理论框架[24]。该提议引发了此后多年研究液滴底部气体薄层的热潮[43,51-56]，这些研究极大地提升了人们对液滴撞击过程中底部气体薄层演化（图 1 - 4[55]）的理解。然而，到目前为止尚未发现液滴飞溅时刻液膜前端底部有明显的气体层[51,54]。

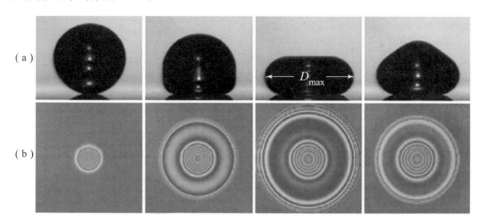

图 1 - 4　液滴撞击过程中底部气体薄层演化

（a）液滴撞击过程；（b）各对应时刻液滴底部的气体薄层

2014 年，Riboux 和 Gordillo[21]发现，液滴底部裹入的气体并不影响飞溅，这也是 Guo 等[13]通过数值模拟获得的结论。Riboux 和 Gordillo[21]认为，液滴飞溅是被气动力驱动的，基于气体动力学，他们建立了一个用于预测临界值的模型，其中升力是液膜下气体的润滑力和液膜上气体的吸力之和，该润滑力已被 Duchemin 和 Josserand[57]及 Mandre 和 Brenner[24]应用于他们各自的模型中，用于研究包含气体非连续性的影响。Riboux 和 Gordillo 的模型与他们自己和其他学者[25,41,58]的实验结果吻合良好，并已被应用于液滴撞击光滑表面[59]、被加热至莱顿弗罗斯特温度左右[33]和以上[60]的表面、运动表面[11]等。Riboux 和 Gordillo[46]通过进一步考虑液滴内边界层的影响而增强了他们的模型。Hao[12]基于他们的理论，解释了轻微粗糙度对液滴飞溅的影响。这些应用和改进表明，他们的模型具有很强的适应性且仍有进一步提升的空间。

3. 切向速度影响下液滴非对称飞溅的研究现状

如图 1 - 5（a）所示，液滴撞击倾斜表面情况下，液滴本身存在切向速度 V_t；如图 1 - 5（b）所示，液滴撞击运动表面情况下，表面存在切向速度 V_s。由于存在切向速度 V_t 或 V_s，因此液滴撞击后形成的飞溅是非对称的，如图 1 - 3（c）、（d）所示。

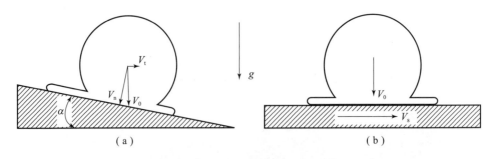

图 1 - 5　液滴撞击倾斜表面和运动表面对比

（a）倾斜表面；（b）运动表面

在早期的研究中，被撞击表面的运动仅被用于作为提高液滴撞击速度的辅助手段。例如，Mundo 等[25]于 1995 年研究了不同属性的液滴撞击光滑和粗糙的旋转飞轮表面，获得了各种条件下液滴形成飞溅的临界速度，然而限于当时的实验手段，他们并未将关注点放到非对称飞溅上。2009 年，哈佛大学的 Bird 等[10]借助现代高速摄影技术，研究了切向速度影响下的非对称飞溅现象，并基于惯性动力学解释了其形成机理。同一时期，Zen 等[61]发现了同样的现象；Chou 等[62]发现液滴飞溅量随表面运动速度的增加而增加。Almohammadi

等[63]研究了液滴撞击亲水、疏水运动表面后的多种现象，并进一步分析了飞溅现象的非对称特性；Hao 等[11]分析认为，运动表面上方边界层内气体的运动增加了上游液膜受到的升力，减小了下游液膜受到的升力，从而导致非对称飞溅，这也是降低气体压强可以抑制上游飞溅的内在原因。这合理地解释了笔者所在课题组（以下简称"课题组"）的发现，但是限于实验条件，撞击速度和表面速度均较慢，因此仍需更系统地开展研究。

液滴撞击倾斜表面的情况广泛存在于自然界和一系列应用中，早在 1981 年，Stow 和 Hadfield[26]在他们的研究中就基于惯性动力学讨论了这种情况，但同样限于当时的实验手段，他们没有关注非对称飞溅现象。此外，人们虽然针对液滴撞击倾斜表面的现象开展了大量研究[64-69]，但是很少将关注点放到非对称飞溅上。Šikalo 等[65]虽然观察到了非对称飞溅现象，但并未进行深入分析；Aboud 等[64]发现相对于亲水表面，液滴撞击倾斜超疏水表面形成的飞溅具有更好的对称性，他们认为是超疏水表面对液膜铺展阻力的降低延缓了上下游液膜与切向速度的同步，从而降低了飞溅的非对称特性，这很好地解释了他们的实验现象。然而，Latka 等[32]发现，形成飞溅的临界速度与表面润湿性无关，这说明表面润湿性对液滴飞溅的影响也存在争议，仍有待进一步研究。Hao 等[17]研究了液滴撞击倾斜表面引起的非对称飞溅，考虑了气体压力的影响，并建立了一个与实验结果吻合得很好的预测模型，然而尚无法解释临界压力与表面倾斜角度的非单调关系。

可以看到，针对切向速度影响下液滴飞溅的研究虽有所开展，也正在对液滴飞溅机理的理解做出贡献，但是相对于液滴对称飞溅所受到的关注[1-4]，仍然很不充分，液滴飞溅形成机理也仍有争议，Hao 等[11,17]的发现尤其强化了这种争议。这使得对其系统地开展研究、明确其形成机理显得势在必行。

综上所述，液滴撞击固体表面形成飞溅的影响因素复杂多变，其形成机理尚未形成共识，预测临界值的模型也仍不完善。液滴在切向速度影响下的非对称飞溅自然地展示了飞溅的强化和抑制，非常便于液滴飞溅机理的研究，并普遍存在于自然界和各种应用中，已经引起各国学者的注意并逐渐成为研究热点[10-11,63-69]，然而相对于液滴对称飞溅研究的普遍性[1-4]，该方向的研究仍缺少系统性[1]，其形成机理同样存有争议。

1.2.2 液滴铺展

液滴在固体表面的沉积在很多应用上都是重要的基础现象，如微电子行业的喷墨打印[70]、法医学上的血迹分析[71]（图 1-6[72]）等，同时表面属性对

液滴飞溅动力学

于液滴铺展过程的影响可能被用于对于液滴飞溅机理的分析[12]。在这些应用中，液滴的飞溅－沉积转变会影响打印质量，影响对血迹及形成血迹的液滴飞行轨迹的分析。因此，对液滴在干燥固体表面的沉积开展研究具有重要的应用和科学价值。

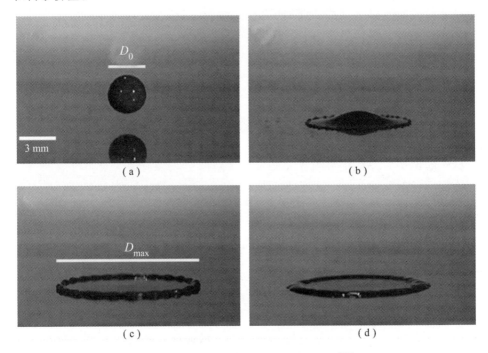

图 1-6 血滴撞击不锈钢表面的高速图像[72]
（a）撞击前 0.2 ms；（b）撞击后 0.6 ms；（c）撞击后 2.4 ms；（d）撞击后 4 ms

当没有飞溅发生时，液滴撞击固体表面形成沉积，其动力学由惯性力、黏性力和毛细力三者之间的平衡决定[13,16,27,72-77]。液滴撞击固体表面后总是能形成一个最大铺展直径（D_{max}）[1]，在没有飞溅的情况下，D_{max} 和液滴残留直径（D_{res}）在各种应用中是最重要的两个参数，D_{res} 是否等于 D_{max} 则取决于接触角。前人基于惯性力、黏性力和毛细力的贡献，建立了很多 D_{max} 与撞击参数的关系式[16,72-77]，尽管这些关系式形式各异，但它们都可以与实验和数值模拟结果有合理吻合。在感兴趣的参数范围内，D_{max} 并没有大到数量级的差异，因此基于实验数据拟合的关系式难以定量区分。此外，尽管这些关系式都是渐进形式的，但由于高速撞击将发生飞溅，因此这些渐进关系事实上无法进行实验验证。而且，早期模型通常都不考虑液滴本身的直径，因而对于低速撞击形成 D_{max} 的预测不准确，这也是后续研究中需要解决的一个问题。

大部分模型对液滴铺展系数 $\beta(\beta = D_{max}/D_0)$ 的分析区分两个区间——黏性区间、惯性区间。在黏性区间内，液滴的最大铺展直径（D_{max}）可以通过动能和黏性耗散的平衡来获得。铺展系数遵从关系式 $\beta - 1 \propto Re^{1/5}$，通常简化为 $\beta \propto Re^{1/5}$。

在惯性区间，铺展系数由惯性力和毛细力之间更复杂的平衡决定，受到黏性耗散和表面润湿性效应（用接触角来表示）的影响，在计算时通常需要进行一些修正。在惯性区间，学者们提出了很多模型，然而对这些模型的适用范围至今尚未形成共识。通过对初始撞击动能和最大铺展直径时的表面能进行简单的标量分析，可以得到一个对高韦伯数撞击有效的关系式，$\beta \propto We^{1/2}$。但是，由于在高韦伯数时，液滴碰撞后会发生飞溅，因此这种关系式事实上无法通过实验验证。更细致的模型考虑了初始表面能、接触角和黏性耗散。Clanet 等[76]基于质量守恒得到了另一个关系式——$\beta \propto We^{1/4}$。这个标量定律由于可以和在疏水表面上的实验结果定量吻合而获得了很大成功，并被广泛应用于对实验数据的拟合。然而，针对初始直径的修正应该被考虑进该关系式，这种修正通常是在低韦伯数时用 $\beta - 1$ 代替 β。矛盾的是，这种修正将降低该关系式的有效性。通过选取合适的系数，上述关系式都能较好地吻合实验和数值模拟结果，因此难以对其进行评估。

研究在固体表面上的液体薄层动态铺展的模型，为正确描述这两个区间的液滴铺展提供了基础框架。这个框架很好地解释了液滴铺展的惯性区间，并协调了大部分现有模型。Yarin 等[78]率先建议在研究液滴碰撞后的铺展动力学时可以采用薄层假设，此后该假设被应用于多种场合。Roisman 等[77]、Eggers 等[79]通过增加一层黏性边界层而修正了最初的无黏模型。通过以下无黏双曲轴对称速度场，可以将扩展薄板中的速度描述为一阶近似值：

$$\left.\begin{array}{l} v_r = r/t \\ v_z = -2z/t \end{array}\right\} \tag{1-1}$$

式中，v_r, v_z——径向和竖直方向的速度；

r, z——径向和竖直方向的位移；

t——时间。

速度场对应于一个随时间降低的压力场。这种流动表明，在这种机制下，液滴表面以自相似的方式演化，若以 $z = h(r, t)$ 来描述液滴表面，则

$$h(r, t) = H(r/t)/t^2 \tag{1-2}$$

式中，$H(r/t)$——r/t 的任意函数[79]。

这种自相似已分别在数值模拟（Roisman 等[77]，Eggers 等[79]）和实验（Lagubeau 等[80]）中被观察到，如图 1-7 所示。图中，h_c 为液滴轮廓顶点的高度，Ω_0 为液滴的体积。

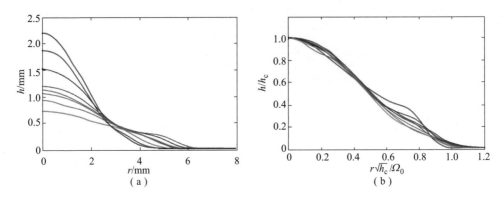

图 1-7　液滴撞击固体表面后中心截面轮廓随时间的变化[80]

（书后附彩插）

（a）实验轮廓；（b）式（1-2）重新校准的轮廓

　　但是，式（1-1）所示的欧拉流动并不符合在固壁边界处的无滑移边界条件，所以在液滴铺展过程中，从固壁处开始将形成一个瞬态的黏性边界层，其厚度符合常用的标量定律 $l_{bl} \sim \sqrt{vt}$。在分析液滴铺展时，考虑黏性效应将有助于对该过程有更清晰的理解。例如，液滴铺展过程中的最小液膜厚度（h_{min}，有时又称残余厚度）可表示如下：

$$h_{min} \sim DRe^{-2/5} \tag{1-3}$$

式中，D——液滴直径。

　　通过数值模拟和实验，也同样观察到了这样的现象，如图 1-8[80] 所示。

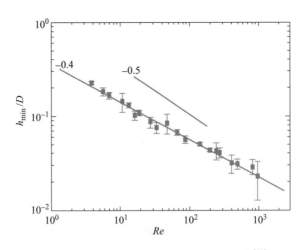

图 1-8　最小液膜厚度及式（1-3）的结果[80]

液滴铺展系数可以通过液滴撞击参数 $P_i = WeRe^{-2/5}$ 以如下形式来描述：

$$\beta = Re^{1/5}f_c(P_i) \tag{1-4}$$

对于较小的 P_i，$f_c(P_i)$ 可近似为 $P_i^{1/2}$；对于较大的 P_i，$f_c(P_i)$ 可用常数表示。这两种表述分别与惯性能和表面能平衡及惯性能和黏性耗散平衡吻合良好。虽然惯性能和表面能平衡无法从实验中观测，但上述关系式仍然确认了是惯性能和表面能平衡决定了液滴铺展（$\beta \propto We^{1/2}$），而不是另一个模型（$\beta \propto We^{1/4}$）。不同液滴以不同速度碰撞实验结果（符号）及式（1-4）的结果（虚线）如图 1-9[72] 所示。

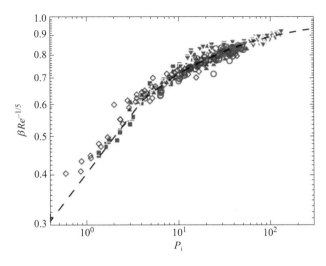

图 1-9　不同液滴以不同速度碰撞实验结果（符号）及式（1-4）的结果（虚线）[72]

（书后附彩插）

1.3　研究内容

本书采用实验和理论分析相结合的方法，研究了液滴撞击水平、运动和倾斜亲水表面形成的液滴飞溅和铺展，并考虑了气体压强的影响，研究结果能为液滴飞溅机理的理解和实际应用中对飞溅的调控提供新的思路和方法。具体研究内容如下：

（1）研究了液滴撞击运动表面形成的非对称飞溅的形成和抑制，并基于理论分析、解释了其形成机理。

（2）研究了液滴撞击粗糙表面形成的微液滴飞溅和皇冠型飞溅，发现了与前人结论不一致的现象，并结合液滴铺展实验结果解释了其形成机理。

（3）研究了液滴撞击倾斜表面形成的非对称飞溅的形成及其抑制，建立了一个理论模型，解释了其形成机理。

（4）发展了一种新的观测方法，发现了液滴倾斜撞击形成的新现象，并通过将一个二维模型扩展成三维模型，解释了这些现象的形成机理。

参 考 文 献

［1］ JOSSERAND C, THORODDSEN S T. Drop impact on a solid surface ［J］. Annu. Rev. Fluid Mech. , 2016, 48: 365 – 391.

［2］ YARIN A L. Drop impact dynamics – splashing, spreading, receding, bouncing ［J］. Annu. Rev. Fluid Mech. 2006, 38: 159 – 192.

［3］ THORODDSEN S T, ETOH T G, TAKEHARA K. High – speed imaging of drops and bubbles ［J］. Annu. Rev. Fluid Mech. , 2008, 40: 257 – 285.

［4］ LIANG G, MUDAWAR I. Review of drop impact on heated walls ［J］. Int. J. Heat Mass Tran. , 2017, 106: 103 – 126.

［5］ JOUNG Y S, BUIE C R. Aerosol generation by raindrop impact on soil ［J］. Nature Communications, 2016, 8: 14668.

［6］ YI H, QI L, LUO J, et al. Effect of the surface morphology of solidified droplet on remelting between neighboring aluminum droplets ［J］. Int. J. Mach. Tool. Manu. , 2018, 130 – 131: 1 – 11.

［7］ ELISABETH G, CHRISTOPHE J, THOMAS S. Frozen impacted drop: from fragmentation to hierarchical crack patterns ［J］. Phys. Rev. Lett. , 2016, 117: 074501.

［8］ TRAN T, STAAT H J J, PROSPERETTI A, et al. Drop impact on superheated surfaces ［J］. Phys. Rev. Lett. , 2012, 108: 036101.

［9］ WORTHINGTON A M. On the forms assumed by drops of liquid falling vertically on a horizontal ［J］. Proc. R. Soc. Lond. , 1876, 25: 261 – 272.

［10］ BIRD J C, TSAI S, STONE H A. Inclined to splash: triggering and inhibiting a splash with tangential velocity ［J］. New J. Phys. , 2009, 11: 063017.

［11］ HAO J, GREEN S I. Splash threshold of a droplet impacting a moving substrate

［J］. Phys. Fluids，2017，29：012103.

［12］HAO J. Effect of surface roughness on droplet splashing ［J］. Phys. Fluids，2017，29：122105.

［13］RIOBOO R，TROPEA C. Outcomes from a drop impact on a solid surfaces ［J］. Atomization and Sprays，2001，11：155 – 165.

［14］XU L，BARCOS L，NAGEL S R. Splashing of liquids：interplay of surface roughness with surrounding gas ［J］. Phys. Rev. E.，2007，76：066311.

［15］LATKA A，PESHKIN A S，DRISCOLL M M，et al. Creation of prompt and thin – sheet splashing by varying surface roughness or increasing air pressure ［J］. Phys. Rev. Lett.，2012，109：054501.

［16］TANG C，QIN M，WENG X，et al. Dynamics of droplet impact on solid surface with different roughness ［J］. International Journal of Multiphase Flow.，2017，96：56 – 69.

［17］HAO J，LU J，LEE L，et al. Droplet splashing on an inclined surface ［J］. Phys. Rev. Lett.，2019，122：054501.

［18］YOKOI K. Numerical studies of droplet splashing on a dry surface：triggering a splash with the dynamic contact angle ［J］. Soft Matter，2011，7：5120.

［19］GUO Y，LIAN Y，SUSSMAN M. Investigation of drop impact on dry and wet surfaces with consideration of surrounding air ［J］. Phys. Fluids，2016，28：073303.

［20］JIAN Z，JOSSERAND C，POPINETI S，et al. Two mechanisms of droplet splashing on a solid substrate ［J］. J. Fluid Mech.，2018，835：1065 – 1086.

［21］RIBOUX G，GORDILLO J M. Experiments of drops impacting a smooth solid surface：a model of the critical impact speed for drop splashing ［J］. Phys. Rev. Lett. 2014，113：024507.

［22］MANDRE S，BRENNER M P. The mechanism of a splash on a dry solid surface ［J］. J. Fluid Mech.，2012，690：148 – 172.

［23］MANDRE S，MANI M，BRENNER M P. Precursors to splashing of liquid droplets on a solid surface ［J］. Phys. Rev. Lett.，2009，102：134502.

［24］STEVENS C S，LATKA A，NAGEL S R. Comparison of splashing in high – and low – viscosity liquids ［J］. Phys. Rev. E.，2014，89：063006.

［25］MUNDO C，SOMMERFELD M，TROPEA C. Droplet – wall collisions：experimental studies of the deformation and breakup process ［J］. Int. J. Multiphase

Flow, 1995, 21: 151 – 173.

[26] STOW C D, HADFIELD M G. An experimental investigation of fluid flow resulting from the impact of a water [J]. Proc. R. Soc. A. , 1981, 373: 419 – 441.

[27] RANGE K, FEUILLEBOIS F. Influence of surface roughness on liquid drop impact [J]. J Colloid Interface Sci. , 1998, 203: 16 – 30.

[28] ROISMAN I V, LEMBACH A, TROPEA C. Drop splashing induced by target roughness and porosity: the size plays no role [J]. Adv. Colloid Interfac. , 2015, 222: 615 – 621.

[29] SUI Y, DING H, SPELT P D M. Numerical simulations of flows with moving contact lines [J]. Annu. Rev. Fluid Mech. , 2014, 46: 97 – 119.

[30] LIU M, WANG S, JIANG L. Nature – inspired superwettability systems [J]. Nat. Rev. Mater. , 2017, 2: 17036.

[31] CHEN L, BONACCURSOC E, ROISMAN T G, et al. Static and dynamic wetting of soft substrates [J]. Curr. Opin. Colloid In. , 2018, 36: 46 – 57.

[32] LATKA A, BOELENS A M P, NAGEL S R, et al. Drop splashing is independent of substrate wetting [J]. Phys. Fluids, 2018, 30: 022105.

[33] STAAT H J J, TRAN T, GEERDINK B, et al. Phase diagram for droplet impact on superheated surfaces [J]. J. Fluid Mech. , 2015, 779: R3.

[34] LIANG G, SHEN S, GUO Y, et al. Boiling from liquid drops impact on a heated wall [J]. Int. J. Heat Mass Tran. , 2016, 100: 48 – 57.

[35] SCHREMB M, ROISMAN I V, TROPEA C. Normal impact of supercooled water drops onto a smooth ice surface: experiments and modelling [J]. J. Fluid Mech. , 2018, 835: 1087 – 1107.

[36] JIN Z, ZHANG H, YANG Z. Experimental investigation of the impact and freezing processes of a water droplet on an ice surface [J]. Int. J. Heat Mass Tran. , 2017, 109: 716 – 724.

[37] ZHANG C, LIU H. Effect of drop size on the impact thermodynamics for supercooled large droplet in aircraft icing [J]. Phys. Fluids. , 2016, 28: 062107.

[38] ZHANG R, HAO P, ZHANG X, et al. Supercooled water droplet impact on superhydrophobic surfaces with various roughness and temperature [J]. Int. J. Heat Mass Tran. , 2018, 122: 395 – 402.

[39] PEPPER R E, COURBIN L, STONE H A. Splashing on elastic membranes: the importance of early – time dynamics [J]. Phys. Fluids, 2008, 20: 082103.

［40］ HOWLAND C J, ANTKOWIAK A, CASTREJóN – PITA J R, et al. It's harder to splash on soft solids ［J］. Phys. Rev. Lett. , 2016, 117: 184502.

［41］ XU L, ZHANG W W, NAGEL S R. Drop splashing on a dry smooth surface ［J］. Phys. Rev. Lett. , 2005, 94: 184505.

［42］ TSAI P, VAN DER VEEN R C A, VAN DE RAA M, et al. How micropatterns and air pressure affect splashing on surfaces ［J］. Langmuir, 2010, 26 (20): 16090 – 16095.

［43］ LI E Q, LANGLEY K R, TIAN Y S, et al. Double contact during drop impact on a solid under reduced air pressure ［J］. Phys. Rev. Lett. , 2017, 119: 214502.

［44］ STEVENS C S. Scaling of the splash threshold for low – viscosity fluids ［J］. Eur. Phys. Lett. , 2014, 106, 24001.

［45］ XU L. Liquid drop splashing on smooth, rough, and textured surfaces ［J］. Phys. Rev. E. , 2007, 75: 056316.

［46］ RIBOUX G, GORDILLO J M. Boundary – layer effects in droplet splashing ［J］. Phys. Rev. E. 2017, 96: 013105.

［47］ LIU Y, TAN P, XU L. Kelvin – Helmholtz instability in an ultrathin air film causes drop splashing on smooth surfaces ［J］. Proc. Natl. Acad. Sci. USA PNAS, 2015, 112: 3280 – 3284.

［48］ WAL R L V, BERGER G M, MOZES S D. The splash/non – splash boundary upon a dry surface and thin fluid film ［J］. Exp. Fluids, 2006, 40: 53 – 59.

［49］ THORODDSEN S T, THORAVAL M J, TAKEHARA K, et al. Droplet splashing by a slingshot mechanism ［J］. Phys. Rev. Lett. , 2011: 106: 034501.

［50］ KIM H, PARK U, LEE C, et al. Drop splashing on a rough surface: how surface morphology affects splashing threshold ［J］. Appl. Phys. Lett. , 2014, 104: 161608.

［51］ DRISCOLL M M, NAGEL S R. Ultrafast interference imaging of air in splashing dynamics ［J］. Phys. Rev. Lett. 2011, 107: 154502.

［52］ KOLINSKI J M, RUBINSTEIN S M, MANDRE S, et al. Skating on a film of air: drops impacting on a surface ［J］. Phys. Rev. Lett. , 2012, 108: 074503.

［53］ VAN DER VEEN R C A, TRAN T, LOHSE D, et al. Direct measurements of air layer profiles under impacting droplets using high – speed color interferometry ［J］. Phys. Rev. E. , 2012, 85: 026315.

［54］ LIU Y, TAN P, XU L. Compressible air entrapment in high – speed drop impacts on solid surfaces [J]. J. Fluid Mech. , 2013, 716: R9.

[55] DE RUITER J, VAN DEN ENDE D, MUGELE F. Air cushioning in droplet impact. II. Experimental characterization of the air film evolution [J]. Phys. Fluids, 2015, 27: 012105.

[56] LO H Y, LIU Y, XU L. Mechanism of contact between a droplet and an atomically smooth substrate [J]. Phys. Rev. X, 2017, 7: 021036.

[57] DUCHEMIN L, JOSSERAND C. Rarefied gas correction for the bubble entrapment singularity in drop impacts [J]. C. R. Mec. , 2012, 340: 797 – 803.

[58] PALACIOS J, HERNáNDEZ J, GóMEZ P, et al. Experimental study of splashing patterns and the splashing/deposition threshold in drop impacts onto dry smooth solid surfaces [J]. Exp. Therm. Fluid Sci. , 2013, 44: 571 – 582.

[59] RIBOUX G, GORDILLO J M. The diameters and velocities of the droplets ejected after splashing [J]. J. Fluid Mech. , 2015, 772: 630 – 648.

[60] RIBOUX G, GORDILLO J M. Maximum drop radius and critical Weber number for splashing in the dynamical Leidenfrost regime [J]. J. Fluid Mech. , 2016, 803: 516 – 527.

[61] ZEN T, CHOU F, MA J. Ethanol drop impact on an inclined moving surface [J]. Int. Commun. Heat Mass, 2010, 37: 1025 – 1030.

[62] CHOU F C, ZEN T S, LEE K W. An experimental study of a water droplet impacting on a rotating wafer [J]. Atomization Spray, 2009, 1910: 905 – 916.

[63] ALMOHAMMADI H, AMIRFAZLI A. Understanding the drop impact on moving hydrophilic and hydrophobic surfaces [J]. Soft Matter, 2017, 13: 2040 – 2053.

[64] ABOUD D G K, KIETZIG A M. Splashing threshold of oblique droplet impacts on surfaces of various wettability [J]. Langmuir, 2015, 31: 10100 – 10111.

[65] ŠIKALO Š, TROPEA C, GANIC E N. Impact of droplets onto inclined surfaces [J]. J. Colloid Interf. Sci. , 2005, 286: 661 – 669.

[66] ANTONINI C, VILLA F, MARENGO M. Oblique impacts of water drops onto hydrophobic and superhydrophobic surfaces: outcomes, timing, and rebound maps [J]. Exp. Fluids. 2014, 55: 1713.

[67] ZHANG R, HAO P, HE F. Drop impact on oblique superhydrophobic surfaces with two – tier roughness [J]. Langmuir, 2017, 33: 3556 – 3567.

［68］ LIU Y, MOEVIUS L, XU X, et al. Pancake bouncing on superhydrophobic surfaces ［J］. Nat. Phys. , 2014, 107: 515 – 519.

［69］ MOREIRA A L N, MOITA A S, COSSALI E, et al. Secondary atomization of water and isooctane drops impinging on tilted heated surfaces ［J］. Exp. Fluids. , 2007, 43: 297 – 313.

［70］ MINEMAWARI H, YAMADA T, MATSUI H, et al. Inkjet printing of single – crystal films ［J］. Nature, 2011, 4757356: 364 – 367.

［71］ ATTINGER D, MOORE C, DONALDSON A, et al. Fluid dynamics topics in bloodstain pattern analysis: comparative review and research opportunities ［J］. Forensic Sci. Int. 2013, 231: 375 – 396.

［72］ LAAN N, DE BRUIN K G, BARTOLO D, et al. Maximum diameter of impacting liquid droplets ［J］. Phys. Rev. Appl. 2014, 2: 044018.

［73］ CHANDRA S, AVEDISIAN C T. On the collision of a droplet with a solid surface ［J］. Proc. R. Soc. Lond. A, 1991, 432: 13 – 41.

［74］ SCHELLER B L, BOUSFIELD D W. Newtonian Drop Impact with a Solid Surface ［J］. Aiche J. , 2010, 416: 1357 – 1367.

［75］ FARD M P, QIAO Y M, CHANDRA S, et al. Capillary effects during droplet impact on a solid surface ［J］. Phys. Fluids, 1996, 8: 650.

［76］ CLANET C, BéGUIN C, RICHARD D, et al. Maximal deformation of an impacting drop ［J］. J. Fluid Mech. , 2004, 517: 199 – 208.

［77］ ROISMAN I V. Inertia dominated drop collisions. II. An analytical solution of the Navier – Stokes equations for a spreading viscous film ［J］. Phys. Fluids, 2009, 21: 052104.

［78］ YARIN A L, WEISS D A. Impact of drops on solid surfaces: self – similar capillary waves, and splashing as a new type of kinematic discontinuity ［J］. J. Fluid Mech. , 1995, 283: 141 – 173.

［79］ EGGERS J, FONTELOS M A, JOSSERAND C, et al. Drop dynamics after impact on a solid wall: theory and simulations ［J］. Phys. Fluids, 2010, 22: 062101.

［80］ LAGUBEAU G, FONTELOS M A, JOSSERAND C, et al. Spreading dynamics of drop impacts ［J］. J. Fluid Mech. , 2012, 713: 50 – 60.

第 2 章

研究方法

|2.1　液滴撞击实验方法|

液滴撞击固体表面、液池表面、液膜表面的现象广泛存在于自然界和一系列应用中，对其开展研究不仅可解决广泛应用中的实际问题，还可以解决涉及流体力学的很多基础性问题。例如：存在于气体、液体和固体表面的移动接触线问题；液膜与固体表面的无滑移边界条件问题；不同润湿性表面的动态接触角问题；等等。液滴撞击后能形成反弹、沉积及飞溅现象，这些现象的形成不仅受液滴自身物理属性的影响，被撞击表面的运动、倾斜、粗糙度、润湿性、温度等也显著影响撞击结果，环境气体压强长期被认为与液滴飞溅的形成无关，而 2005 年的研究却表明飞溅的形成强烈地依赖于这一参数。因此，液滴撞击研究需在明确上述条件的基础上开展。在实验研究中，一般采用背照剪影的方式进行观测，可以采用普通相机控制触发的方式观测，还可以使用高速相机进行观测，液滴内部及周围粒子的运动又可以采用 PIV 方法进行观测。

本节分 6 节对实验方法进行介绍，包括液滴产生方法、液滴撞击速度建立方法、常用液体及其属性、改变环境气体属性的实验方法、表面属性处理的方法、实验观测方法，期望能为将来的液滴实验提供直接的实验方法。

2.1.1　液滴产生方法

目前常用的液滴产生方法分为两类：其一为滴落，该方法简单易行，成本低廉，已被广泛采用，但这种方法的液滴生成效率较低，只能产生大液滴；其二为外力驱动产生液滴，该方法对应的装置通常结构较为复杂，且研制成本较高，但这种方法的液滴生成效率高，且可生成微小液滴。

1. 滴落

采用该方法生成液滴的实验装置如图 2-1 所示。通常，由一个注射泵缓慢推动一个装有实验液体的注射器，注射器直接（或通过管路）与一个平头针头连接，由注射器推送来的液体在针头出口处不断聚集而形成一个液滴，当液滴自身重力大于黏附力时，液滴从针头滴落，同时形成一个所谓的卫星小液滴，如图 2-2 所示。

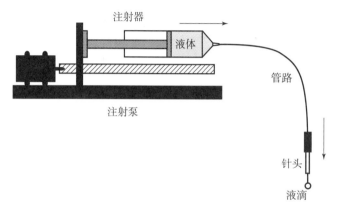

图 2-1　滴落式液滴产生装置示意图

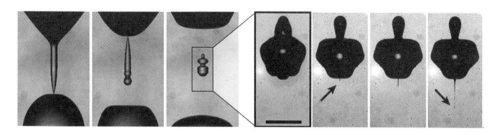

图 2-2　滴落方式产生液滴的过程示意图[1]

这种生成液滴的装置结构简单，并可以产生稳定直径的液滴。但这种装置只能产生液滴直径在 1.6 mm 以上的大液滴，而不能产生在喷墨打印、燃料喷射等场合需要的微小型液滴；同时，为使其产生稳定直径的液滴，液体向针头的推进速度必须很慢，因而产生液滴的效率不高；此外，该装置在生成液滴过程中会有射流的断裂，因而会伴生卫星小液滴，不过该卫星小液滴一般不影响大液滴的撞击结果。

液滴直径受针头出口内径的显著影响，针头直径越大，产生的液滴直径就越大，但两者之间并没有确定的关系，需要通过实验来测试不同直径的针头能够生成的液滴直径，因此改变针头出口内径是控制该装置生成不同直径液滴的有效途径。当使用出口直径较大的针头时，该装置可以生成较大的液滴。当液滴直径显著大于液体的毛细长度 $l_c = \sqrt{\sigma/(\rho g)}$（$\sigma$ 为液滴表面张力系数；ρ 为液滴密度；g 为重力加速度）时，液滴在空中滴落的过程中会有较大的形状振荡，如图 2 - 3（a）所示，通过高速摄影拍摄到的液滴垂直直径 D_v 和水平直径 D_h 的比值 D_v/D_h 随滴落高度 H 的变化曲线如图 2 - 3（b）所示。

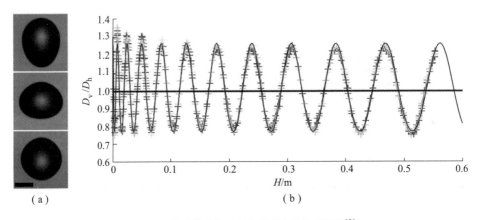

图 2 - 3　大液滴滴落过程中的形状振荡示意图[2]

（a）振荡图像；（b）$\dfrac{D_v}{D_h}$ 随液滴高度的变化曲线

因此，在使用这种类型的液滴生成装置时，需要考虑在液滴撞击时刻形状振荡对撞击结果的影响[3]。有研究表明，当液滴形状振荡范围在 ±5% 以内时，液滴的形状振荡对于液滴飞溅不构成影响[3]。但是，当研究其他现象时（如研究液滴裹入的气体时），液滴撞击时刻的形状可能对实验结果构成较大的影响[4]。

液体的表面张力也极大地影响液滴直径，同样的针头直径对于不同表面张力的液体将产生不同直径的液滴，液滴直径随表面张力的减小而减小。此外，液体的黏性（或非牛顿流体）也显著影响液滴的生成[5]。

液体的温度是液滴撞击研究中经常关注的一个关键因素。例如：高温金属液滴撞击表面后的凝固广泛存在于金属加工工艺中，尤其是近些年的研究热点——增材制造，熔化的金属液滴撞击后的动力学现象引起了学者们的广泛关注；超冷大液滴撞击飞行器翼面后结冰，可极大地影响飞行器的升力，可能导致严重的飞行事故，然而超冷大液滴在翼面的结冰机理尚不清晰，因此对其开展研究具有重要的应用意义和学术价值。这些研究的重点是如何产生金属液滴[6,7]或超冷大液滴[8,9]，通过滴落熔化的金属或将管道（含针头）浸没在低温环境的方式，可以利用滴落方式产生这样的液滴。

此外，注射泵和注射器也可以被放置于高处的液体容器和配套的流量阀代替[10]，通过控制流量阀和液体容器中液面与针头出口的距离（H），就可以控制液滴的产生，如图2-4所示。该方式同样是通过液滴自身重力的增加来克服黏附力而脱落的方式，其特性与注射泵驱动方式是一致的，在本书第3章将介绍的实验装置中就采用这样的设置。

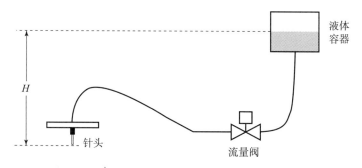

图2-4　通过高度差产生液滴的方法示意图

滴落式液滴产生装置结构简单，在大液滴撞击实验研究中被广泛应用，本书后续各章实验中的液滴均采用该方法产生。

2. 外力驱动

滴落式液滴产生装置易于实现，可产生固定大小的液滴，但只能产生大液滴，且液滴产生效率低。通过采用外力驱动的方式来设计按需液滴发生器（Drop - On - Demand，DOD）[11-15]，可以克服这些缺点。DOD装置通常使用气动[11-13]或压电[14,15]，可产生的液滴范围非常广，液滴直径可从几十微米至几千微米，其不仅可应用于单液滴撞击实验，还可广泛应用于喷墨打印、微电子制造、生物分析和增材制造等领域。

气动式DOD装置结构示意如图2-5所示。图中，左侧氮气罐用于提供产生液滴需要的压力；控制系统用于操作连接液滴发生器的电磁阀，通过开关控制可以产生压力脉冲；该压力脉冲上升沿作用于液滴发生器内的液体，压力上升时将液体从喷嘴处挤出液滴发生器，压力下降时从喷嘴处挤出的射流断裂形成一个小液滴。这种结构非常复杂、成本较高，且由于电磁阀具有响应延迟，因此需要额外部件来使其满足设计要求。此外，气动式 DOD 装置还可以用于产生比喷嘴内径还小的液滴[12]、熔化的金属液滴[13]等。

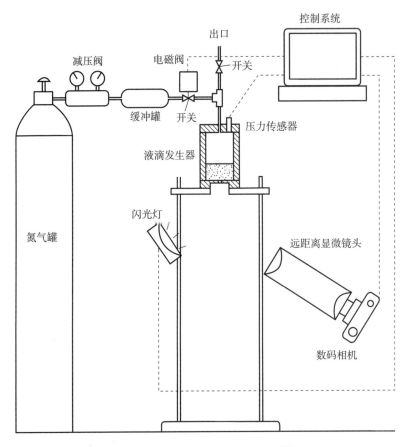

图 2 - 5　气动式 DOD 装置示意图[11]

　　压电式 DOD 装置结构示意如图 2 - 6 所示。图中，流体室内的液体由一个压电陶瓷片（压电式蜂鸣片）驱动，通过给压电陶瓷片一个脉冲电压，可以使其产生向下的压力，使液体从喷嘴处挤出而形成射流，电压反向后，压电陶瓷片向上运动，拉动射流返回，射流顶部流体断裂而形成一个小液滴，如图 2 - 7（b）所示。液滴尺寸受喷嘴尺寸、液体属性、电压脉冲的峰值和宽度、液池与喷嘴的高度差（Δh）等参数的影响。若激励过小，则不产生液滴，如图 2 - 7（a）所示；若激励在某一范围内，则产生单个液滴，如图 2 - 7（b）所示；若激励过大，则在产生液滴的同时可能伴生卫星小液滴，如图 2 - 7（c）所示。这种 DOD 装置结构简单、造价低廉，已被广泛应用于液滴撞击振动液池、打印等场合。

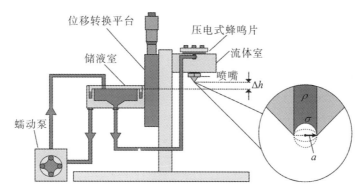

图 2 - 6 压电式 DOD 装置示意图[14]

（书后附彩插）

ρ—液滴密度；σ—液滴表面张力系数；a—喷嘴出口半径

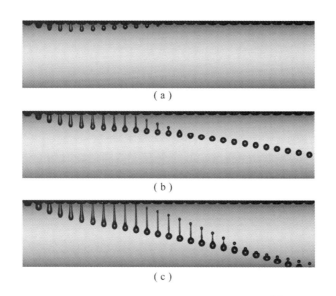

（a）

（b）

（c）

图 2 - 7 DOD 装置产生液滴过程的高速图像[14]

（a）未产生液滴；（b）产生单个液滴；（c）产生 2 个液滴

显然，相对于滴落式液滴产生装置（图 2 - 1），不论是气动式 DOD 装置（图 2 - 5）还是压电式 DOD 装置（图 2 - 6），其结构都相对复杂，且无法直接采购，需要一定的机械和控制基础才能设计、制作。由于实际在基于液滴的工程应用中，很多都是微小液滴，因此 DOD 装置在科学研究领域和工程应用领域都具有广泛的发展前景。

2.1.2　液滴撞击速度建立方法

1. 重力加速

通常，2.1.1 节所述的两种液滴产生方法所产生的液滴在撞击表面（固体或液体）前，都会在空中运动一定距离 H，在 H 距离内通过重力对液滴进行加速，使其达到撞击速度 V_0，通过调整 H 就可以达到调整最终撞击速度的目的。需要注意的是，当液滴较小和运动距离 H 较大时，液滴的加速同时受重力加速度和气动阻力的共同作用，不能直接由重力加速度来计算最终的撞击速度，需要引入气动阻力相关的修正系数，其修正方法可以参考文献［16］。当液滴较大且运动距离 H 较小时，液滴的最终撞击速度可由重力加速度直接计算得出。

由于重力加速方法非常简单，且在同样条件下形成的速度重复性高，因此在液滴撞击研究中得到了广泛应用。本书各章实验均采用这种撞击速度的建立方法。

2. 表面相对运动

在液滴研究的早期，曾将被撞击表面的切向速度与液滴的撞击速度耦合，用于提高液滴的最终撞击速度[17]。该实验装置如图 2-8 所示。图中，液滴发生器产生液滴；电动机驱动圆盘，形成垂直于液滴运动方向的速度；液滴向下运动的速度和该切向速度合成，形成液滴的最终撞击速度。限于早期的观测方法，这种实验方法被用于测定液滴飞溅的临界值，而近年来的研究表明，表面的切向运动速度对于液滴的飞溅形态具有重要影响，不能简单地被用于等效液滴的最终撞击速度，因而这种方法已经不再被用于提高撞击速度。

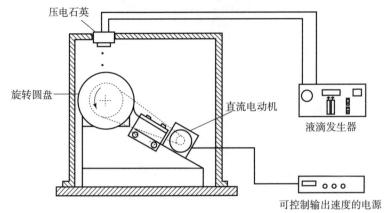

图 2-8　切向速度增加液滴最终撞击速度示意图[17]

近年来用于提高液滴最终撞击速度的方法如图 2-9 所示[18,19]，都是通过在液滴下降的相反方向增加被撞击表面的运动速度而实现的。如图 2-9（a）所示，运动表面由套在导轨上的可精确控制初始压缩量的弹簧驱动，在实验开始前，将运动表面压到一个电磁铁上，待液滴滴下后关闭电磁铁，则运动表面在弹簧势能作用下加速[18]。这种加速方式结构简单，但是无法实现高的运动速度，最高可达 8 m/s[18]。为进一步提高撞击速度，Burzynski 等[19]搭建了如图 2-9（b）所示的实验装置。该装置与图 2-8 所示的结构类似，但是在旋转圆盘上固定一个法向的固体表面，通过加速该表面并控制液滴在被撞击表面运动至水平时刻来形成撞击，可以实现最高 26 m/s 的撞击速度[19]。

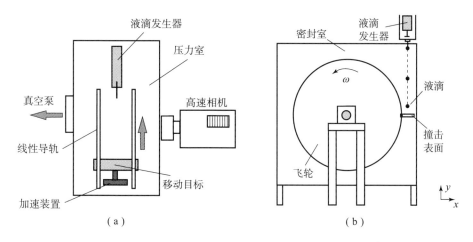

图 2-9　表面高速向上运动增加液滴最终撞击速度结构示意图[18,19]
（a）相对加速方案一；（b）相对加速方案二

2.1.3　常用液体及其属性

液滴撞击受不同的物理属性影响，其中飞溅尤其受到表面张力系数的显著影响，因此小表面张力液体经常被用到，常用的液体有乙醇、硅油。水作为地球上最普遍存在的液体，也是液滴撞击中常用的物质。此外，液体的黏性也是影响撞击结果的关键因素。改变黏性的方法有使用不同黏性的硅油，或者使用不同浓度的水和甘油的混合物，从而形成不同黏性的液滴。下面分别介绍各种常用液体及其属性。

1. 水

水在很多工程应用和自然界中都以液滴形式存在，实例包括各种喷雾冷却、清洁、灌溉、农药喷洒、雨滴等。虽然水滴广泛存在，但是水滴撞击各种表面形成的现象并未被充分理解[19-21]，因而在液滴撞击实验研究中的很多情况下都采用水作为实验液体。通常采用超纯水或去离子水进行实验，水的参数可使用密度 $\rho = 998$ kg/m^3，动力黏性系数 $\mu = 1.0$ mPa·s，以及表面张力系数 $\sigma = 72.9$ mN·m$^{-1[21]}$。

2. 乙醇

乙醇作为一种常见的低成本易挥发液体，已被广泛应用于基于液滴的各种应用中，包括喷墨打印、燃烧等。由于具有较小的表面张力系数，乙醇液滴撞击固体表面后容易形成飞溅，因此乙醇常被作为飞溅研究的实验液体[22,23]。通常解析纯的乙醇可以满足飞溅实验的需要，其在常温下的参数分别为密度 $\rho = 791$ kg/m^3，动力黏性系数 $\mu = 1.19$ mPa·s，以及表面张力系数 $\sigma = 22.9$ mN·m$^{-1[23]}$。

由于乙醇是易燃物质，因此近年来有使用硅油这种不可燃液体替代其进行实验研究的趋势。

3. 硅油

硅油是一种广泛应用于化妆品行业的液体，无毒、无味，且不可燃，其表面张力系数较小（$\sigma \approx 20$ mN·m^{-1}），且其动力黏性系数可以在很大的范围内变化，在黏性变化的同时，不同品牌、型号的硅油密度仅在很小的范围内变化[24]，这样的性质使得其非常便于研究液滴黏性对于撞击结果的影响。然而，硅油的价格要远远高于乙醇，这也限制了其在液滴撞击上的应用。硅油的品牌、型号众多，具体参数可以参考各厂家的产品信息，本节不再一一列出。

4. 其他液体

在工农业应用中，大多对于液体的利用都是以液滴形式进行的。例如：液体燃料由喷嘴喷射为液滴后在燃烧室内燃烧，所以包括煤油、汽油、柴油在内的燃料也是构成液滴的常用实验液体；增材制造中的材料液体均被喷射成液滴后进行制造；喷墨打印的墨水、生物分析中的液体等都在形成液滴后才完成相应功能；等等。

除了使用不同品牌、型号的硅油外，通过将不同比例的水和甘油或者乙醇和甘油[10]混合，形成混合溶液也是一种常用的改变液体黏性的处理方法。常用的水和甘油混合物的物理属性请参考文献［26］。改变表面张力系数可以使通过将不同比例的水和乙醇混合，可以改变表面张力系数。常用水和乙醇混合物的物理属性请参考文献［21，27］。

此外，作为低黏度的液体，丙酮和甲醇也常被用于液滴撞击实验。其中，丙酮密度 $\rho = 789$ kg/m^3，动力黏性系数 $\mu = 0.3$ mPa·s，表面张力系数 $\sigma = 24$ mN·m$^{-1[25]}$；甲醇密度 $\rho = 791$ kg/m^3，动力黏性系数 $\mu = 0.6$ mPa·s，表面张力系数 $\sigma = 23.5$ mN·m$^{-1[25]}$。

2.1.4　改变环境气体属性的实验方法

液滴撞击壁面后的流动过程是一个典型的气、液、固三相的流动过程，前面介绍的均是液相相关的实验方法。Xu 等[22]在 2005 年发现，降低气体的压强至低于某一临界值，可以完全抑制液滴撞击壁面形成的飞溅。他们的发现触发了持续至今的对于液滴飞溅的研究热潮，其中最关键的就是明确环境气体在液滴飞溅过程中的具体角色，确定降低气体压强抑制液滴飞溅的机理。本节仅给出液滴撞击实验中改变环境气体属性的实验方法，分成真空室、高压室、常压密封室三部分进行介绍。

1. 真空室

Xu 等[22]的发现是在真空室内获得的，他们的发现确认了气体在液滴飞溅中具有重要作用，但是气体如何影响液滴飞溅却尚未被明确。真空室的更准确名称应该是低压室，但是在此前的文献中大部分直接使用"真空室"一词，因此本书亦沿用该名称。真空室（图 2 - 10）是一种密闭并能承力的结构，可以由金属[10]或透明亚克力[22,23,28]制成，需要在金属结构开透明观测窗口，以观测碰撞过程。使用真空发生器[10]或真空泵[22,23,28]可抽取真空室内的气体；气压由真空表显示，调节阀门或真空泵参数就可以调节真空室内的压强。根据真空发生器或真空泵工作参数，可以确定真空室内可达到的压强范围。

目前在真空室内已经研究了液滴撞击水平表面[22]形成的对称性飞溅，液滴撞击运动表面[10]、倾斜表面[23]形成的非对称飞溅，黏性液滴撞击水平表面形成的飞溅[24]，液滴撞击水平表面形成的气体薄层[28]，液滴撞击粗糙表面形成的飞溅[29]，黏性液滴撞击粗糙表面形成的飞溅[30]，有的研究还考虑了气体分子量[22]的影响。将真空室抽真空后充入不同分子量的气体，就可以形成具有不同气体分子量的气体环境[22]。

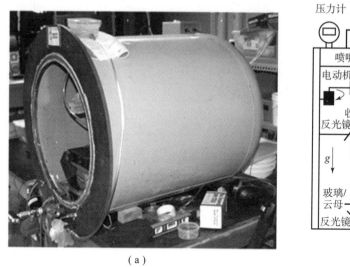
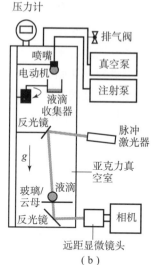

（a）

图 2 - 10　真空室结构示意图[10,28]

（a）金属；（b）透明亚克力

2. 高压室

降低环境压强可以抑制液滴飞溅，那么提高环境压强能否强化液滴飞溅呢？Mishra 等[3]通过搭建如图 2 - 11 所示的高压室实验装置回答了这个问题。

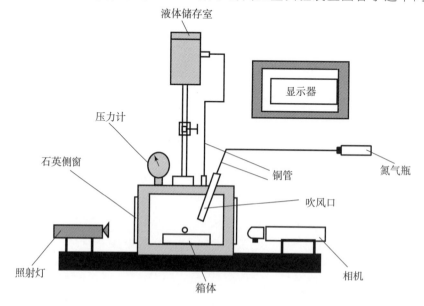

图 2 - 11　高压室结构示意图[3]

图中，高压室由金属结构制成，在光源和高速相机侧开了透明石英窗口以便观测，通过向高压室内充高压氮气来对高压室加压，最高压力可达 1 200 kPa。液滴生成装置与高压室固定，通过阀门来控制液滴的生成，使用一根铜管道连接高压室和液体储存室，可以使液体储存室内的压力与高压室的压力保持一致，以保证液滴生成不受压强差的影响。

　　只要真空室的结构强度足够抵抗真空室外环境压强和真空室内压强差形成的向内压力，就可在真空室开展安全的实验，即使结构失效，壁面碎片也会向内运动；而高压室结构失效后，碎片将向外高速运动，形成爆炸。因此，不建议一般实验室内开展高压室内的液滴撞击实验。

3. 常压密封室

　　对于液滴撞击高速运动表面的情况，Burzynski 等[19]为了研究气体属性对液滴飞溅的影响，搭建了如图 2 – 12 所示的常压封闭室，并采用该实验装置研究了 10 种不同的气体对于液滴飞溅的影响。他们的实验装置被放置在一个密封室内，通过向密封室注入不同浓度的气体来实现不同的气体环境，一个压强传感器和一个氧气传感器被放置在被撞击表面附近，通过它们测量获得的参数，可以计算获得气体混合物的物理属性。

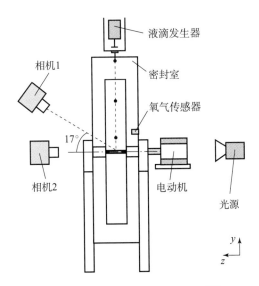

图 2 – 12　常压密封室结构示意图[19]

2.1.5 表面属性处理的方法

如前所述，液滴撞击固体表面是一个气、液、固三相流动问题，前面分别介绍了液相、气相相关的实验设置方法，本节将介绍固相表面属性的处理方法。固体表面的切向运动速度、倾斜角度、粗糙度、润湿性、温度、柔性会显著影响液滴撞击结果，接下来将分别对其进行介绍。

1. 表面切向运动速度

液滴撞击运动表面的现象广泛存在于自然界和一系列工程应用中，如雨滴撞击运动的车辆或飞行器、墨滴撞击运动的纸张、喷涂运动表面、燃料液滴撞击活塞等。因此，液滴撞击运动表面的实验装置是应用基础研究的一个重要方向，表面的运动又可分为与液滴运动方向相对和相切两种。表面运动方向与液滴运动方向相对的实验装置请参考 2.1.2 节，本节将专注于表面运动方向与液滴运动方向相切的实验方法。

最早搭建液滴撞击实验装置的是 Mundo 等[17]，他们搭建的实验装置如图 2 – 8 所示，然而限于观测方法，他们并未注意液滴飞溅的形态。Courbin 等[31] 和 Bird 等[32] 在后来的实验观察中才明确液滴撞击运动表面后形成的上游飞溅被强化而下游飞溅被抑制，他们的运动表面设置如图 2 – 13（c）所示，这样的实验设置也被用于研究表面运动所引起的液滴悬浮[33 – 34] 和液滴飞溅[35 – 36]。图 2 – 13（c）中，旋转圆盘表面由一个电动机驱动，在被撞击点形成与液滴运动方向相切的运动速度，这种实验设置结构简单、控制简便，可形成较宽的切向速度范围（0 ~ 21 m/s）。

此后，Aboud 等[38] 搭建了如图 2 – 13（d）所示的倾斜运动表面，以研究液滴撞击倾斜的运动表面，并考虑了表面的润湿性。运动表面由气动力驱动，驱动单元由一个高压室和一个低压室构成，通过控制电磁阀开关来控制高压室的压力，当高压室压力升高时，运动表面开始加速，可以最高达到 27 m/s 的运动速度。相对于图 2 – 13 中的其他三种形成表面速度的方法，该方法形成的表面速度是瞬时的，即仅在某一特定瞬间达到设置的运动速度，为使液滴在该时刻撞击到运动表面，Aboud 等[38] 使用了一个气动驱动的 DOD 装置来产生液滴，并对两种运动进行了匹配控制。很明显，这种实验设置使得实验装置高度复杂、难以制作，但是实现之后具有较高的实验效率。

Hao 等[10] 通过改造一个可调速的带式砂光机制作了一条光滑弹簧钢带，替换原来的带式砂纸，可以形成 0 ~ 5.1 m/s 的表面运动速度，如图 2 – 13（a）所示。这种设置简便易行，同时不受如图 2 – 13（b）所示的表面弧度影响，也没有图 2 – 13（c）所示的表面上不同点的切向速度不同向的问题，但是可实现的最高运动速度受到了限制。此外，这种设置也被 Moulson 等[26]用于液体射流撞击运动表面的研究。

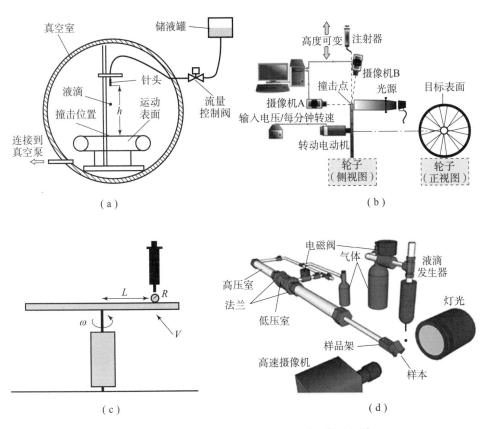

图 2 – 13　形成运动表面的实验方法示意图[10,33,37,38]

（a）表面运动方案一；（b）表面运动方案二；

（c）表面运动方案三；（d）表面运动方案四

　　与 Mundo 等[17]的实验设置类似，Almohammadi 等[37]通过电动机驱动飞轮，形成切向速度，他们的速度可以在 0 ~ 17 m/s 范围内调节。与 Mundo 等[17]不同的是，他们的实验装置被用于观测液滴的非对称飞溅[37]和铺展[39]。这种实验设置需要大直径的飞轮，以克服表面弧度对撞击结果的影响，其优点是方便控制表面运动速度，且结构相对简单。

　　以上四种形成表面切向运动速度的方法各有优缺点，读者可根据需要进行选择来搭建自己的运动表面实验。

2. 表面倾斜角度

实际的液滴撞击很少与被撞击表面完全垂直，大部分都是与被撞击表面具有一定倾角的撞击[23,38,40-42]，因此设计倾斜表面也是研究液滴撞击的一个重要实验方法。采用如图2-14（a）[42]所示的方法可搭建能精确调节倾斜角度的被撞击表面，表面的倾斜角度可由手动调节的旋转平台（图2-14（b））或自动调节的旋转平台（图2-14（c））来调整，两种旋转平台均可实现0.1°的调节精度，该方法已被应用于研究表面倾斜角度对液滴飞溅的影响[23,42]。

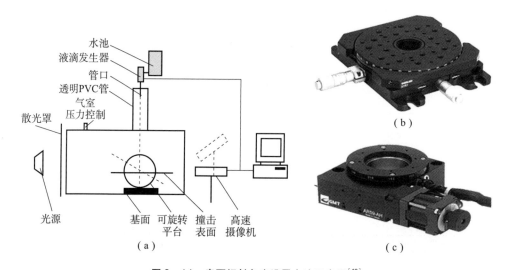

图2-14　表面倾斜角度设置方法示意图[42]

（a）倾斜撞击实验示意；（b）手动旋转平台；（c）自动旋转平台

此外，被撞击表面的倾斜角度也可以通过自制旋转装置实现[38]，如图2-13（d）所示的表面倾斜角度设置方法，使被撞击表面绕旋转中心转动，然而这样的设置方法难以保证精度。若仅考虑固定角度的倾斜表面，也可以定制定角支撑装置实现一个固定的表面倾斜角度。

3. 表面粗糙度

除了刚揭开一层的云母表面是原子级光滑的，其他所有表面都有一定的粗糙度，因此液滴撞击粗糙表面的研究具有非常强的应用背景。然而，受表面粗糙度复杂性的影响，其对液滴撞击结果的影响尚未有公认的结论。在此背景下，很多学者开展了液滴撞击粗糙表面的研究[21,43-50]，以期明确其影响并揭示这些影响的内在机理。本节仅介绍常用的实现粗糙表面的实验方法。

表面粗糙度可以根据不同的定义用多种参数进行描述，相关参数的详细定义和测量方法请读者参考文献［50］，本章仅给出在液滴撞击研究中常用的三种参数，分别为轮廓算术平均偏差、均方根粗糙度、平均颗粒直径。

轮廓算术平均偏差 R_a 最为常用[21,43-45,49]，其定义为

$$R_a = \frac{1}{n} \sum_{i=1}^{n} |y_i| \qquad (2-1)$$

式中，n——测量剖面在平均线上的交点数量；

y_i——第 i 个数据点距离平均线的竖直距离[15]。

均方根粗糙度 R_{rms} 也被 Latka 等[48]和 Hao[21]用在他们的研究中，其定义为

$$R_{rms} = \sqrt{\frac{1}{n} \sum_{i=1}^{n} y_i^2} \qquad (2-2)$$

Xu 等[46,47]使用高质量砂纸的平均颗粒直径 D_p（在他们的文章中以 R_a 表示）来表示表面粗糙度，这与砂纸制造商用以标注使用不同颗粒大小制作的砂纸的微米级别是吻合的。

表面粗糙度的测试，可以使用接触测量的表面粗糙度测试仪[21]，或非接触测量的原子力显微镜[48]；表面形貌的获取，可以使用电镜扫描仪[21,49]或原子力显微镜[48]。

不同粗糙度的实现方法有以下几种：

（1）直接使用实际应用中的材料来进行液滴撞击实验[44,49]，如图 2-15（a）~（f）的电镜扫描图像所示，其表面粗糙度以测试参数进行描述。

（2）使用高质量砂纸来模拟真实物体表面的粗糙度[21,46,47]，通常采用具有不同平均颗粒制作的砂纸来模拟不同的表面粗糙度，一种砂纸的电镜扫描图像如图 2-15（g）所示。其表述方式既可以使用平均颗粒直径 D_p[46,47]，也可以采用其他测试参数[21]，如 R_a 或 R_{rms}。

（3）Latka 等[48]和 Hao[21]使用不同平均颗粒的高质量砂纸打磨的亚克力表面来模拟各向异性的粗糙表面，如图 2-15（h）所示，其粗糙度以 R_a 或 R_{rms} 描述。

（4）Latka 等[48]和 Latka[50]采用氢氟酸来蚀刻玻璃，通过控制不同的蚀刻时间来实现玻璃表面不同的粗糙度，这样获得的表面粗糙度是各向同性的，如图 2-15（i）所示，粗糙度可以用 R_a 或 R_{rms} 描述。

（5）通过光刻的方法，可在表面实现可控的纹理[46]，如图 2 – 15（j）所示，其通常以孔（或柱）的尺寸及间距来进行描述。

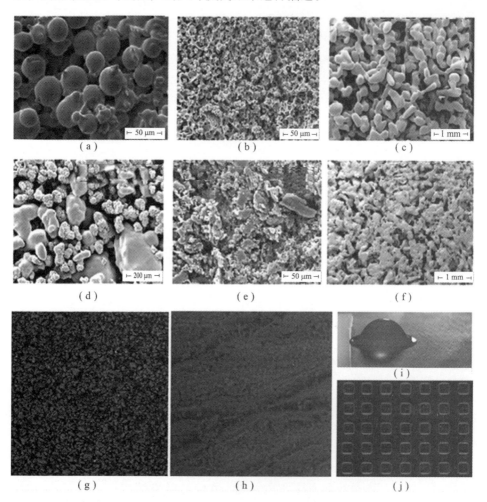

（a）　　　　　　　　　　（b）　　　　　　　　　　（c）

（d）　　　　　　　　　　（e）　　　　　　　　　　（f）

（g）　　　　　　　　　　（h）　　　　　　　　　　（j）

图 2 – 15　不同粗糙表面的电镜扫描图像[21,46,49,50]
（a）青铜；（b）陶瓷；（c）硼硅玻璃；（d）聚乙烯；（e）聚四氟乙烯；（f）不锈钢；
（g）砂纸；（h）打磨过的有机玻璃；（i）液滴撞击粗糙表面；（j）纹理表面

4. 表面润湿性及疏水、超疏水表面

如图 2 – 16 所示，受荷叶、水黾等超疏水表面的启发，构造疏水、疏油或双疏表面应用于自洁、燃烧、防冰等领域是当前非常热门的研究方向[52]。表面的疏水性质通常用以水滴在该表面上的静态接触角为代表的表面润湿性参数来进行描述。当静态接触角大于90°时，认为该表面是疏水表面；当静态接触

角大于150°时，认为该表面是超疏水表面[52]。表面润湿性对于液滴撞击结果会产生显著影响，然而其影响机理尚未获得透彻理解，因而仍是当前液滴撞击研究的热点[53-57]。构造疏水、超疏水的方法众多，且不断有新的方法涌现，本节仅对其进行简单介绍。

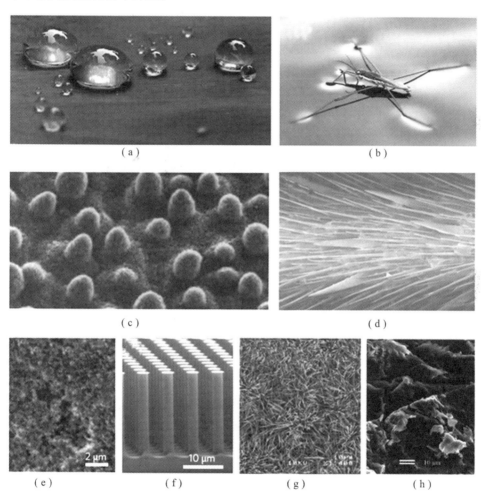

（a）　　　　　　　　　　　　　　　　（b）

（c）　　　　　　　　　　　　　　　　（d）

（e）　　　　　（f）　　　　　（g）　　　　　（h）

图 2 - 16　超疏水表面的结构示意图[58-62]

（a）荷叶上的水珠；（b）水面上的水黾；（c）荷叶电镜扫描图；（d）水黾的电镜扫描图；

（e）蜡烛熏后表面的电镜扫描图；（f）规则排列微柱的电镜扫描图；

（g）Cu(OH)₂碳纳米管的电镜扫描图；（h）砂纸打磨特氟龙表面的电镜扫描图

如图 2 - 16（a）所示，荷叶具有超疏水特性，液滴在其表面的静态接触角大于150°，其具有超疏水特性的原因是因为其表面具有如图 2 - 16（c）[58]所示的微纳米结构；如图 2 - 16（b）所示，水黾的腿脚同样具有超疏水特性，其至可以支撑水黾在水面停留和运动，这同样是由于水黾的腿脚上具有如图 2 – 16 (d) 所示的微纳米结构。受此启发，当前的疏水、超疏水表面都是在表面构建微纳米结构以形成疏水、超疏水特性，构建方法有喷涂[60]、光刻[60]、蚀刻[61]、打磨[62]等。

目前市场上已经有很多商业喷涂产品，购置后可直接喷涂在需要的表面，使其形成疏水或超疏水特性，而最早的（也是最简单的）构建超疏水表面的方法是用蜡烛的火焰熏黑表面，熏黑表面的电镜扫描图像如图 2 – 16 (e) 所示。这种方法正在被用于液滴撞击研究中[37,54,55]，但是难以均匀喷涂，且喷涂后形成的表面一致性不够好，从而限制了其在液滴撞击研究中的应用。

光刻方法可以控制微纳米结构的尺寸和间距，从而形成控制良好的纹理表面，并可形成超疏水特性。通过改变微纳米结构的尺寸和间距，就可以方便地研究这些参数对于液滴撞击的影响，因此光刻得到了广泛应用[56,60]。该方法需要专业的设备才能加工，且难以在更大的尺度应用，这限制了它在实际应用中的使用。

蚀刻方法是一种使用化学试剂在固体表面（或柱阵列上）进行烧蚀，从而形成超疏水表面的制作方法，其形成的微纳米结构可以均匀地分布在表面上，如图 2 – 16 (g) 所示，因而被广泛应用[56,57,61]。在使用该方法前，需要对表面进行一系列去氧化处理，以保证最终蚀刻表面上微纳米结构分布的均匀性。

此外，Nilsson 等[62]还提出了一种非常简单、低成本的超疏水表面制作方法——使用合适的砂纸打磨特氟龙表面，即可获得超疏水表面，打磨后的特氟龙表面如图 2 – 16 (h) 所示。该方法简便易行，有望应用于液滴撞击研究中，但是需要处理各向异性表面粗糙度对于撞击结果的影响。

5. 表面温度

各种内燃机燃烧室内的燃料喷射都存在撞击高温表面的现象；飞机遇到云层时有超冷大液滴撞击低温表面的现象。关于前者，若表面温度高于某一临界值，则液滴撞击后出现 Leidenfrost 现象，即液滴悬浮在自身产生的蒸汽层上[63,64]；关于后者，若表面温度足够低，则液滴撞击后将形成结冰现象[65,66]。两者都是液滴撞击领域研究的热点问题，本小节将给出构建高温和低温表面的实验方法。

通常，将被撞击表面放置在一个加热装置上，通过两者之间的传热来使被撞击表面形成高温，具体设置可以参考图 2 – 17 (a)[63]。在图 2 – 17 (a) 中，一个蓝宝石玻璃板 P 被放置在中间开孔的铜支架 H 上，铜支架内置 6 个加热器，通过热传导对 P 进行加热，使用一个温度探测器来对表面温度进行测量。

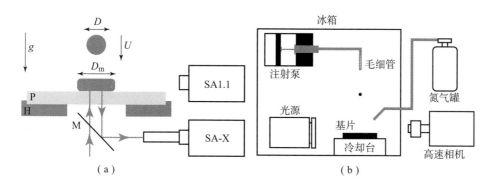

图 2 – 17　高温和低温表面构建方法示意图[63,66]

（a）高温表面；（b）低温表面

P—蓝宝石玻璃；H—铜支架；D—液滴直径；D_m—最大铺展直径；

g—重力加速度；U—撞击速度；M—半镀银镜

低温表面可以通过将与表面相连的金属浸入低温液氮来实现[65]，或者将表面放入冰箱[66]来实现。在低温实验中，环境气体中的水蒸气非常容易在被撞击表面结霜，从而影响撞击结果，因此低温表面需要放置在密闭空间内，同时要严格控制密闭空间内的气体湿度。对气体湿度的控制，可以通过对气体除湿或在密闭室内充干燥氮气实现。图 2 – 18（b）[66]给出了在改造的冰箱内构造低温表面的实验方法，氮气的作用是吹干被撞击表面，其更重要的作用在于对空间内气体除湿，避免被撞击表面结霜。

6. 表面柔性

自然界和工程上的很多应用中被撞击表面都是柔性结构，如植物叶子、各种薄膜结构、橡胶及类似的密封或缓冲结构，而结构柔性对于液滴撞击结果的影响仍吸引着很多学者的注意力[67-69]，本节将简单介绍如何构建柔性表面。

常用的构建柔性表面的方法有以下两种：

（1）为使用柔性的薄膜通过不同的拉力构造不同的表面特性，具体设置方法如图 2 – 18 所示[67]。为了模拟与薄膜具有相同润湿性和粗糙度的刚性表面，在实验中可以把薄膜放置在光滑的刚性表面。需要注意的是，要把薄膜和刚性表面之间的气泡排尽，避免其影响实验结果。

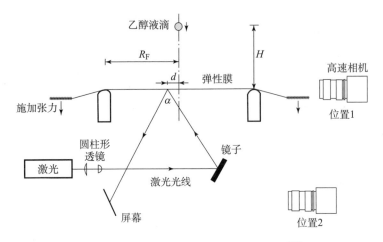

图 2-18　薄膜柔性被撞击表面的构建方法[67]

（2）构造不同刚度表面的方法是使用柔性材质，如硅胶[68]、聚二甲基硅氧烷（PDMS）[69]等。通过把硅胶和交联剂以不同的比例混合，在室温下固化后就可以形成具有不同刚性的材料[68]；以类似的方法将 PDMS 和交联剂以不同的比例混合，在75℃温度下固化12 h以上即可形成黏弹性材料[69]。

2.1.6　实验观测方法

前几小节分别介绍了液滴撞击实验搭建的各方面，至此就可以使用搭建的实验系统进行液滴撞击固体表面的实验了。然而，如何对实验进行观测呢？液滴撞击固体表面后，在极短的时间内在液滴底部裹入一层气体薄层，该薄层又在极短的时间内在液滴底部形成一个小气泡，该气泡可以黏附于被撞击表面或者脱离被撞击表面上升；此后，液滴将形成一个轴向的液体薄层，受一系列因素的影响，这层液膜可以形成飞溅、沉积、收缩后的反弹。液滴的飞溅发生在液滴撞击的早期[67]，液膜铺展过程也在较短的周期内完成，液滴的反弹虽然发生在撞击的后期，但其时间尺度也在毫秒量级。因此，普通拍摄速度的摄影仪器无法用于观测液滴的撞击过程，早期的学者采用过普通相机快门与液滴跌落信号配合进行延时触发来拍摄液滴撞击过程的观测方法，获得了大量意义非凡的研究成果[43-45]。近些年，随着高速摄影技术的快速发展[1,70]，液滴拍摄的帧速度已经可以达到难以想象的 5×10^6 帧/s，高速摄影技术因而成为当前液滴撞击研究的主流观测技术。此外，人们也采用 PIV 技术观测液滴内部颗粒的运动[71]，使用力传感器来测试液滴撞击形成的力[72]，使用双帧相机拍摄液滴撞击[19]等。本书内容不涉及这部分内容，对此感兴趣的读者可直接参考文献［19，71，72］，本节将仅对高速摄影技术进行简单介绍。

1. 高速摄影技术

从 Worthington 通过闪光固化液滴撞击在眼睛内的影像，并根据记忆绘制撞击结果开始，人们对液滴撞击过程开展了大量的实验研究，受限于摄影技术，早期的观测方法[43-45]均采用触发普通相机的方法，只能得到静态的撞击影像，这与 Worthington 的方法是很接近的。随着高速摄影技术的发展[1,70]，人们可以拍摄液滴从下落到撞击的整个过程，这极大地方便了液滴撞击研究。尤其是 Xu 等[22]发现了气体在液滴撞击中的关键作用、Richard 等[73]提出了液滴在超疏水表面的接触时间概念等标志性成果的出现，极大地促进了液滴撞击研究的热度，而这些研究都需要高速相机作为核心仪器。

高速相机作为一种具有广泛用途的科学观测仪器，其详细知识可以通过网络搜索获取，本节仅从使用的角度对其类型和当前能达到的性能作简单介绍。

目前常用的高速相机主要分为两类：第一类为可以随着分辨率的降低而提高拍摄速率的高速相机，主要供应商有美国的 Phantom 和日本的 Photron；第二类是通过拍摄有限数量的图像就可以达到超高拍摄速率的高速相机，目前商用的有英国 SI 公司的 Kirana 系列产品。

第一类是最为常见的类型，目前这两家主要供应商的顶级产品都可以实现百万像素下超过 2×10^4 帧/s 的拍摄速率，也都有高速低分辨率、低速高分辨率、大型、小型等不同的产品可供选择，具体的产品参数请读者访问相关网站，这里不详细列出。这类产品的特点是拍摄速率可以随分辨率的降低而提高，提高比率与拍摄分辨率成比例，这主要受相机数据传输带宽的影响。这意味着这类相机可以在很低的分辨率下实现很高的拍摄速率，如在 128 像素 ×16 像素下可以达到 2×10^6 帧/s 的拍摄速率，因此低分辨率极大地限制了这一类相机在超高速拍摄领域的使用。通过增加内存，可以增加拍摄的图像数量，从而可以观测较长时间内的实验变化。本书后续各章的所有观测均使用第一类高速相机完成。

由于第一类相机在超高速拍摄时受到分辨率的限制，人们发展了第二类高速相机，以 SI 公司的顶级产品 Kirana 5M 为例，它可以在最高 924 像素 ×768 像素下实现最高 5×10^6 帧/s 的拍摄速率，但是仅可拍摄 180 幅图像，且不能通过增加内存来增加拍摄数量，因而其应用受到一定的限制。这类高速相机的参数请参考 SI 公司网站，在此不再赘述。

2. 观察角度

采用单台高速相机对液滴撞击过程进行研究，最常用的拍摄方法如图2 – 19（a）所示，使用高亮光源透过散光板为撞击过程提供照明，高速相机正对光源，对液滴撞击过程进行背光剪影拍摄。为观测液滴的三维撞击过程，相机也可放置在被撞击表面以上，微倾斜一定角度，以让开液滴运动路线，将光源放置在与相机相同的方向，如图2 – 19（b）所示。此外，为观测液滴撞击后裹入底部的气体薄层，发展出了从底部观测撞击过程的观测方法。该方法分为两种观测方式：一种是全内反射，具体设置如图2 – 19（c）所示[74]；另一种是光干涉技术，具体设置如图2 – 19（d）所示[75]。

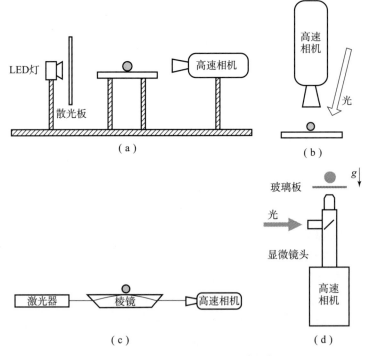

图2 – 19　常用单相机观测角度[74,75]

（a）侧视剪影拍摄；（b）全内反射拍摄；（c）光干涉技术；（d）顶视拍摄

对于使用多台高速相机的场合，可以将相机放置在垂直的两个角度，以同样的剪影拍摄方式来观测撞击过程，具体设置如图2 – 20（a）所示，这种方法有助于确认实验现象。另外，也可以用一台相机从侧向观测，另一台相机从底部（或上部）观测撞击过程，设置如图2 – 20（b）所示[63]，这种观测方法可以在一次实验中同时获得液体和气体的流动模式。

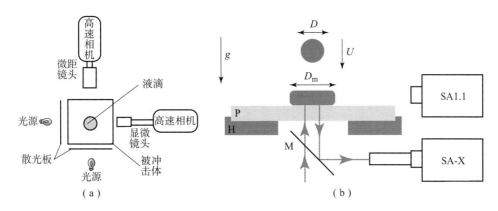

图 2-20　常用双相机观测角度[63]

（a）交叉侧视拍摄；（b）侧视与底视同时拍摄

3. 液滴状态

采用如图 2-19 所示的底部观测方法时，需要液滴能够反射到液滴底部的光线，而高速相机拍摄的就是这部分反射的光线，因此对拍摄获得的图像进行处理，即可获得液滴底部气体薄层的属性。为了使液滴能够反射光线，通常在实验液体中加入少量染色剂（以不改变液体的属性为准），从而形成不透明的液滴。在除此之外的实验中，实验液体通常不添加其他物质，由于球形液滴折射，光线无法通过液滴进入镜头，所以高速相机拍摄到的液滴就是一幅剪影，这样的设置便于观测液体的流动状态。

为了观测液滴内部的流动状态，Bouillant 等[71]在液滴内加入小颗粒，通过 PIV 观测到了小颗粒在液滴处于 Leidenfrost 状态时的运动状态，并由此阐明了液滴在 Leidenfrost 状态下滚动的机理。这是在未来的液滴撞击研究中可以采用的一种改变液滴状态的方式。

|2.2　液滴撞击理论分析方法|

液滴撞击干燥固体表面后可以形成飞溅、沉积和反弹，本书仅涉及飞溅和沉积，本节将介绍液滴飞溅的相关理论、液滴沉积中关于最大铺展直径的理论。

液滴的飞溅是一个高度瞬态的问题，目前其形成机理尚未形成共识，学者们提出了基于惯性力学的飞溅参数模型[17,43]、基于 Kelvin-Helmholtz 不稳定性的飞溅理论[46,76]、基于液膜底部气体薄层动力学的飞溅理论[77,78]、基于液膜受到的空气动力的飞溅理论[25,79,80]，下面将分别对其进行简要介绍。

液滴的沉积中，最受关注的是其最大扩展直径，基于能量守恒和标度律，人们建立了不同的铺展模型，本节将对其进行简要介绍。

2.2.1 基于惯性力学的飞溅参数模型

当液滴撞击速度提高到某一临界值以上时，液滴撞击干燥固体表面后最终将形成飞溅。液滴飞溅需要的临界参数可以使用 Stow 等[43]和 Mundo 等[17]提出的被称为飞溅参数的模型来确定，该模型考虑了惯性、黏性应力和表面张力的影响，一般表述为如下形式：

$$K = WeOh^{-2/5} \tag{2-3}$$

式中，We——韦伯数，$We = \rho D_0 \dfrac{V_0^2}{\gamma}$；

ρ——液滴密度；

D_0——液滴直径；

V_0——液滴撞击速度；

γ——液滴表面张力系数；

Oh——奥内佐格数，$Oh = \dfrac{\mu}{\sqrt{\rho D_0 \gamma}}$；

μ——液滴动力黏性系数。

当 K 大于 300 时，一般认为将发生飞溅。

2.2.2 基于 Kelvin – Helmholtz 不稳定性的液滴飞溅理论

两种流体作平行相对运动，受到沿流速方向的小扰动，运动流体是不稳定的，这被称为 Kelvin – Helmholtz 不稳定性（简称"K – H 不稳定性"）。Xu[46]最早认为 K – H 不稳定性是引起液滴飞溅的原因，他认为如果液体和气体界面有速度突变，则 K – H 不稳定性是可能出现的。对于无黏流体且 $\rho_2 \gg \rho_1$ 的情况，其中 ρ_2 为较重流体的密度、ρ_1 为较轻流体的密度，波数 k_{m} 和最快增长模式的增长速度 c_{m} 可表示为

$$k_{\mathrm{m}} = \frac{2}{3} \frac{\rho_1 u^2}{\sigma} \tag{2-4}$$

$$c_{\mathrm{m}} = k_{\mathrm{m}} u \sqrt{\frac{\rho_1}{3\rho_2}} \tag{2-5}$$

式中，u——两种流体之间的相对速度。在此，u 是液膜的铺展速度，$u \sim$

$\sqrt{D_0 V_0 / (4t)}$，D_0 为液滴直径；V_0 为撞击速度，t 为时间。

K–H 不稳定性强烈依赖于较轻流体的密度，因此可能与降低环境压强抑制液滴飞溅有关，这是因为降低压强会导致气体的密度减小。然而，Xu 等[22]的研究表明，气体的可压缩性在液滴飞溅中是非常重要的，这使得将式（2–4）中的伯努利项 $\rho_1 u^2$ 替换为 $\rho_1 C_G u$。其中，C_G 为气体的声速，$C_G = \sqrt{\gamma k_B T / M_G}$，$\gamma$ 为气体的绝热常数，k_B 为玻尔兹曼常数，T 为环境温度，M_G 为气体的分子量。将 $\rho_1 = M_G P / (k_B T)$ 和 $u \sim \sqrt{D_0 V_0 / (4t)}$ 代入式（2–4），可得

$$k_m = \frac{2}{3} \frac{\rho_1 C_G u}{\sigma} = \frac{2}{3} \frac{P}{\sigma} \sqrt{\frac{\gamma M_G}{k_B T}} \sqrt{\frac{D_0 V_0}{4t}} \qquad (2-6)$$

对于铺展的液膜而言，其特征长度可以用液膜厚度 d 来表示。由此可知，当 $k_m \sim 1/d$ 时，这种不稳定性可能继续发展。同时，$d \sim \sqrt{v_L t}$，其中 v_L 为液体的运动黏性系数。从式（2–6）和 $k_m \sim 1/d$，可以获得 K–H 不稳定性发展的条件为

$$\sqrt{\gamma M_G} P \sqrt{\frac{D_0 V_0}{4 k_B T} \frac{\sqrt{v_L}}{\sigma}} \sim 1 \qquad (2-7)$$

式（2–7）左项与 Xu 等[22]获得的如下模型一致：

$$\frac{\Sigma_G}{\Sigma_L} = \sqrt{\gamma M_G} P \sqrt{\frac{D_0 V_0}{4 k_B T} \frac{\sqrt{v_L}}{\sigma}} \qquad (2-8)$$

式中，Σ_G——来自空气的失稳应力；

Σ_L——表面张力引起的稳定应力。

实验表明，对于低黏性液体，当处于飞溅临界值时，$\Sigma_G / \Sigma_L = 0.45$，这与式（2–7）是吻合的，表明 K–H 不稳定性很可能是引起液滴飞溅的内在机理。

此后，Liu 等[76]发现表面上开通孔可以抑制飞溅，进一步为 K–H 不稳定性作为液滴飞溅的机理提供了实验支持。

然而，K–H 不稳定性尚无法解释在抑制液滴飞溅中，环境压强与被撞击速度的非单调关系，这也限制了其在液滴飞溅分析中的应用。

2.2.3 基于液膜底部气体薄层动力学的飞溅理论

Xu 等[22]的发现触发了至今十几年对于液滴飞溅机理的研究热潮，尤其是哈佛大学学者[77,78]的加入，进一步提高了对该课题的研究热度，他们的观点也引发了至今对于液滴下裹入气体的研究热潮[63,74,75]。

Mandre 等[77]认为，液滴撞击固体表面后并未与表面发生物理接触，而是在一层气体薄层上铺展，这一观点引起了此后对于液滴底部裹入气体薄层的观

测热潮。相关研究已经证实，在液滴撞击的早期，液滴底部确实裹入了一层气体薄层，该薄层在表面张力的作用下，在极短的时间内（早于液体薄层出现）在液滴底部的中间形成一个小气泡；而在液体薄层出现后，现在的观测技术并未发现其底部有气体薄层。这部分理论仅对低速液滴撞击有效，并获得了实验结果的证实[74]。

此后，Mandre 等[78]建立了一个分析液滴在固体表面形成飞溅的理论框架，从分析液体、固体和之间的气体出发，给出了液膜和此后皇冠型飞溅的形成机理。他们认为，当液滴以低速撞击固体表面后，在液膜形成时刻，液体还没有与固体表面形成物理接触；当撞击速度高于某一临界值时，液滴在接触表面前形成液膜，这是撞击点附近流体的惯性和表面张力竞争的结果。当液膜形成后，如果在气体薄层上运动，则不会发生飞溅，如图 2－21（a）所示；但当液膜接触到固体表面后，由于无滑移边界条件和液体黏性的存在，液膜在与固体接触的附近将形成黏性边界层，由此形成的黏性力将使液膜向上偏转，形成飞溅，如图 2－21（b）所示；在图 2－21 中，图像对应的时间从上向下增加。

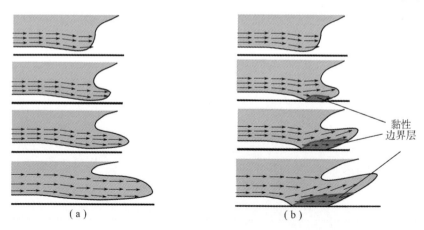

黏性
边界层

图 2－21 液膜与被撞击表面接触与否与飞溅产生机理示意图[78]
（a）未接触；（b）接触

因此，他们认为飞溅是由两个阶段形成的。在第一个阶段形成一层液膜，液膜和被撞击表面之间被一层气体薄层隔开。对偏微分控制方程组的严格数学解也证明了这一点。他们的理论在表面粗糙度（或气体分子平均自由程）大于气体薄层厚度时失效，液滴在形成液膜前就物理接触固体表面，在这种情况下形成的飞溅将温和得多。他们提供了一张定量图表，用于显示多大的表面粗糙度可以破坏剧烈的飞溅，该图表是液滴尺寸、冲击速度和流体属性的函数。

如果液滴在接触表面之前形成了液膜，则进入第二个阶段，这一阶段包括液膜通过和被撞击表面接触而形成向上的偏转。他们形成了一个理论框架来预测液膜的形成和同时期液膜下气体薄层的演化。如前所述，这两个阶段可能被很多因素中断，这也表明了皇冠型飞溅形成的复杂性。

Mandre 等[78]的结果与前人的飞溅临界值可以定量吻合，与临界值随液体黏性、气体压强、表面粗糙度的变化趋势也可以定性吻合，他们还给出了尚未实验观测到的在飞溅发生的数微秒时段内在撞击点附近发生的一系列现象。

Mandre 等[77,78]的理论引发了延续至今的观测液膜底部气体薄层的热潮，目前的观测确实证实了在液滴撞击早期存在底部气体薄层，同时也发现早期的气体薄层并不影响飞溅的发生[25]；至今，尚无实验证据表明液体薄层形成后运动在气体薄层上（尤其是在飞溅形成的惯性区间内），因而这仍将是研究热点。

Mandre 等[78]的理论框架内涵非常丰富，建议读者参考文献［78］。在此，仅给出其基本理念和主要结果，不再赘述其详细理论。

2.2.4　基于液膜受到的空气动力的飞溅理论

Riboux 等[25]发现，液滴底部裹入的气体薄层并不影响液滴的飞溅，在此基础上，他们提出了一个新的液滴飞溅模型。该模型认为，液滴飞溅的过程由两个阶段组成。在第一阶段，液膜离开被撞击表面。在第二阶段，当作用在液膜前端的气动升力足够大时，液膜在其作用下形成飞溅；反之，当气动升力不够大时，液膜落回被撞击表面，不能形成飞溅。

基于潜流理论，他们推导出液滴撞击后湿润区域的半径 a 与时间的关系如下：

$$a(t) = \sqrt{3t} \qquad\qquad (2-9)$$

式中，t——液滴撞击时间（无量纲），$t = TV_0/R_0$。其中，T 为从液滴接触被撞击表面开始计算的撞击时间；V_0 为撞击速度；R_0 为液滴半径，$R_0 = D_0/2$，D_0 为液滴直径。

由式（2-9）可得，液膜前端运动速度与撞击时间的关系为 $\dot{a} = \sqrt{3}t^{-1/2}/2$，表明液膜前端运动随被撞击时间的增加而降低，所以液膜在形成时刻的速度是最快的，因而该时刻即液膜飞溅时刻。

Riboux 等[25]认为，当液膜前端的减速度小于润湿面积的减速度时，液膜前端只能从表面分离。基于这样的概念，Riboux 和 Gordillo 推导出了一个代数方程来求解液滴飞溅时刻 t_e。他们认为，流体粒子流入液膜前端所经历的压强增量和作用在流体粒子上的黏性剪切力使液膜前端减速，如果液膜前端运动速度比湿润面积增加的速度快，则液膜前端只能离开表面，当气动升力足够大时，就可以形成飞溅。液膜前端形成飞溅的条件可由下式确定：

$$\frac{\mathrm{d}v}{\mathrm{d}t} = -\frac{\partial p}{\partial x} + Re^{-1}\,\nabla^2 v \geqslant \ddot{a}, \ t = t_e \qquad (2-10)$$

式中，$\dfrac{\mathrm{d}v}{\mathrm{d}t}$——液膜的加速度（无量纲）；

$\quad\quad p$——液膜内的压强；

$\quad\quad x$——以液膜底部（与表面接触处）为原点向上的 x 向坐标值；

$\quad\quad Re$——雷诺数，$Re = \rho V_0 R_0 / \mu$。

根据湿润面积的无量纲半径与式（2-9），可得 $\ddot{a} \propto t_e^{-3/2}$。

由毛细压力引起的对液膜前端的加速度是 $\partial p/\partial x \sim Re^{-2}Oh^{-2}/h_t^2$；由黏性引起的对液膜前端的加速度为 $\dot{a}/h_t^2$。其中，Oh 是奥内佐格数，$Oh = \mu/\sqrt{\rho R_0 \sigma}$；上游液膜湿润速度（无量纲）为 $\dot{a} = \sqrt{3}t_e^{-1/2}/2$，液膜前端厚度（无量纲）为 $h_t = H_t/R$；H_t 是液膜前端厚度。

基于前述分析，可以把式（2-10）改写为如下形式：

$$c_1 Re^{-1}t_e^{-1/2} + Re^{-2}Oh^{-2} = c^2 t_e^{3/2} \qquad (2-11)$$

式中，两个常数分别为 $c_1 = \sqrt{3}/2$ 和 $c^2 = 1.2$，它们是 Riboux 和 Gordillo 根据数值模拟和实验结果拟合获得的。

一旦 t_e 通过求解式（2-11）获得，在液滴飞溅时刻的液膜前端厚度 H_t 和运动速度 V_t 可分别由下式获得：

$$H_t = R_0 \frac{\sqrt{12}}{\pi} t_e^{\frac{1}{2}} \qquad (2-12)$$

$$V_t = \frac{1}{2}V_0 \sqrt{\frac{3}{t_e}} \qquad (2-13)$$

当液膜被射出时，它的前端收到了一个气动升力 F_L，F_L 由每单位长度上的液膜下气体的润滑力和液膜上气体的吸力共同构成，如图 2-22 所示。

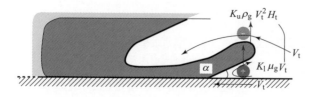

图 2-22　液膜前端作用的气动力示意图[25]

（书后附彩插）

该力可以表示为

$$F_L = K_l \mu_g V_t + K_u \rho_g V_t^2 H_t \tag{2-14}$$

这里，具有下标"g"的参数为气体参数。通过数值模拟可知，当 $3 < Re_{local} < 100$ 时，$K_u \cong 0.3$。其中，$Re_{local} = \rho_g V_t R_c / \mu_g$ 是气体的雷诺数，前进的液膜前端的曲线半径可表示为 $R_c \simeq H_t$。

此外，Riboux 等[25]还推导出了 $K_l \simeq -(6/\tan^2\alpha)[\ln(19.2\lambda/H_t) - \ln(1 + 19.2\lambda/H_t)]$。式中，$\lambda$ 是气体分子的平均自由程，α 约为 $60°$。不同的环境压强和温度下的气体分子自由程可表示为 $\lambda = \lambda_0(T/T_0)(P_0/P_T)$，气体密度可表示为 $\rho_g = \rho_{g0}(T_0/T)(P_T/P_0)$。式中，$\lambda_0 = 65 \times 10^{-9}$ m 和 $\rho_{g0} = 1.18$ kg/m³ 分别为环境压强为 $P_0 = 10^5$ Pa 和环境温度为 $T_0 = 25$ ℃时的气体参数，P_T 为临界压强。Riboux 等[25]认为，当作用在液膜上的每单位长度的升力与表面张力之比超过某一个临界值时，将出现飞溅。这一概念可表示为

$$\beta^2 = F_L/(2\sigma) \tag{2-15}$$

对于液滴在静止光滑表面的飞溅，Riboux 等[25]发现 β 约等于 0.14，可以使用该值来预测形成飞溅的临界速度和临界压强，他们的研究表明该理论具有很强的适应性。该理论已被广泛应用于多种场合的液滴飞溅的分析和预测[10,19,23]。

2.2.5　计算最大铺展直径的模型

液滴撞击固体表面后形成液膜沿周向铺展，最大铺展直径为 β_{max}，此后受表面润湿性的影响，或者回缩或者保持在该最大铺展直径，当流体达到平衡状态时，形成一个残余直径 β_{res}。最大铺展直径 β_{max} 是各种应用和学术研究中最受关注的一个参数，学者们从各个角度给出了对其进行计算的模型，本书用最大铺展直径来解释飞溅的形成机理，因而在本节列出计算最大铺展直径的部分模型，包括 Scheller 等[81]模型、Pasandideh – Fard 等[82]模型、Clanet 等[83]模型、Roisman[84]模型、Laan 等[85]模型和 Tang 等[86]模型。

1. Scheller 等[81]模型

$$\beta_{max} \sim 0.61(Re^2 Oh)^{0.166} \tag{2-16}$$

该模型是一个源于实验数据、基于数学回归方法的经验模型，在一定范围内，误差不超过 5%。

2. Pasandideh – Fard 等[82]模型

$$\beta_{max} = \sqrt{We + \frac{12}{3}(1 - \cos\theta_a) + 4\frac{We}{\sqrt{Re}}} \tag{2-17}$$

这是基于能量守恒定律和边界层理论对液滴撞壁模型进行多处假设后得到的简化的最大铺展因子理论公式。该模型在 $Re \in (213, 35\ 339)$、$We \in (26, 641)$ 的范围内误差不超过 15%，且在 $We \gg 12$ 时可以简化为

$$\beta_{\max} = 0.5Re^{0.25} \qquad (2-18)$$

3. Clanet 等[83]模型

$$\beta_{\max} \sim We^{0.25} \qquad (2-19)$$

这也是基于实验数据获得的模型，通过考虑重力的能量守恒方程可以推导出符合该实验结果的关系式，该式对文献［83］中低黏度的实验数据吻合得很好。但是该模型的使用限制苛刻。例如，壁面必须是"制作精良的超疏水表面"；最大铺展时间（无量纲）必须大于单位1；等等。

4. Roisman[84]模型

$$\beta_{\max} \approx 0.87Re^{0.2} - 0.4Re^{0.4}We^{-0.5} \qquad (2-20)$$

该模型应用了尺度分析中线性组合的方法。首先，假设 $We \to \infty$，推导出 $\beta_{\max}$ 的理想表达式；然后，考虑到 We 有限而得到修正项；最后，结合实验数据给出误差最小的线性组合。这种方法脱离了 Scheller 等[81]模型中纯粹的数学处理和 Pasandideh - Fard 等[82]模型中过度简化的理论推导，实现了理论与实验的结合。但是，该模型忽略了与液膜边缘相关的黏性项，因此在应用于黏度大（或体积小）的液滴时，偏差较大。

5. Laan 等[85]模型

$$\beta_{\max} = \frac{Re^{0.2}P^{0.5}}{A + P^{0.5}} \qquad (2-21)$$

式中，A——根据实验结果获得的拟合常数，$A = 1.24 \pm 0.01$；

P——用于区分液滴撞击后的黏性区间和惯性区间，$P = WeRe^{-0.4}$。

6. Tang 等[86]模型

$$\beta_{\max} = a(We/Oh)^{b} \qquad (2-22)$$

式中，a, b——根据实验结果获得的拟合常数。

对于不同的液体及表面粗糙度情况下的常数，读者可参考文献［86］。这是目前已知唯一考虑表面粗糙度的最大铺展直径模型。

|2.3　小　　结|

本章介绍了液滴撞击固体表面的实验方法、液滴飞溅的理论分析方法，并列出了部分计算液滴最大铺展直径的模型。

在实验方法部分，本章分别从液体、气体、固体三个角度介绍了实验的搭建方法，还介绍了实验观测方法，内容尽可能涉及实验搭建的各方面，希望能为读者提供基本的实验搭建思路，加速研究进度。

在理论分析方法部分，本章重点给出了近年来建立的液滴飞溅模型，并根据笔者的理解对其进行了整理和调整，希望能帮助读者更好地理解它们。

|参 考 文 献|

[1] THORODDSEN S T, ETOH T G, TAKEHARA K. High-speed imaging of drops and bubbles [J]. Annu. Rev. Fluid Mech., 2008, 40: 257-285.

[2] THORAVAL M J, TAKEHARA K, ETOH T G, et al. Drop impact entrapment of bubble rings [J]. J. Fluid Mech., 2016, 724: 234-258.

[3] MISHRA N K, ZHANG Y, RATNER A. Effect of chamber pressure on spreading and splashing of liquid drops upon impact on a dry smooth stationary surface [J]. Exp. Fluids, 2011, 51: 483-491.

[4] LI E Q, VAKARELSKI I U, THORODDSEN S T. Probing the nanoscale: the first contact of an impacting drop [J]. J. Fluid Mech., 2015, 785: R2.

[5] AMINZADEH M, MALEKI A, FIROOZABADI B, et al. On the motion of Newtonian and non-Newtonian liquid drops [J]. Sci. Iran. B, 2012, 19: 1265-1278.

[6] YANG J, QI T, HAN T, et al. Elliptical spreading characteristics of a liquid metal droplet impact on a glass surface under a horizontal magnetic field [J]. Phys. Fluids, 2018, 30: 012101.

[7] BHOLA R, CHANDRA S. Parameters controlling solidification of molten wax droplets falling on a solid surface [J]. J. Mater. Sci., 1999, 34: 4883-

4894.

[8] MAITRA T, ANTONINI C, TIWARI M K, et al. Supercooled water drops impacting superhydrophobic textures [J]. Langmuir, 2014, 30: 10855 – 10861.

[9] THIéVENAZ V, SéON T, JOSSERAND C. Solidification dynamics of an impacted drop [J]. J. Fluid Mech. , 2019, 874: 756 – 773.

[10] HAO J, GREEN S I. Splash threshold of a droplet impacting a moving substrate [J]. Phys. Fluids, 2017, 29: 012103.

[11] CHENG S, CHANDRA S. A pneumatic droplet – on – demand generator [J]. Exp. Fluids, 2003, 34, 755 – 762.

[12] GOGHARI A A, CHANDRA S. Producing droplets smaller than the nozzle diameter by using a pneumatic drop – on – demand droplet generator [J]. Exp. Fluids, 2008, 44: 105 – 114.

[13] CHENG S X, LI T, CHANDRA S. Producing molten metal droplets with a pneumatic droplet – on – demand generator [J]. J. Mater. Process. Tech. , 2005, 159: 295 – 302.

[14] HARRIS D M, LIU T, BUSH J W M. A los – cost, precise piezoelectric droplet – on – demand generator [J]. Exp. Fluids, 2015, 56: 83.

[15] CASTREJóN – PITA J R, MARTIN G D, HOATH S D, et al. A simple large – scale droplet generator for studies of inkjet printing [J]. Rev. Sci. Instrum. , 2008, 79: 075108.

[16] RANGE K, FEUILLEBOIS F. Influence of surface roughness on liquid drop impact [J]. J. Colloid Interf. Sci. , 1998, 203: 16 – 30.

[17] MUNDO C, SOMMERFELD M, TROPEA C. Droplet – wall collisions: experimental studies of the deformation and breakup process [J]. Int. J. Multiphase Flow, 1995, 21: 151 – 173.

[18] ROISMAN I, LEMBACH A, TROPEA C. Drop splashing induced by target roughness and porosity: the size plays no role [J]. Adv. Colloid Interfac. , 2015, 222: 615 – 621.

[19] BURZYNSKI D A, BANSMER S E. Role of surrounding gas in the outcome of droplet splashing [J]. Phys. Rev. Fluids, 2019, 4: 073601.

[20] BIRD J C, DHIMAN R, WON H M K, et al. Varanasi, Reducing the contact time of a bouncing drop [J]. Nature, 2013, 503: 385 – 388.

[21] Hao J. Effect of surface roughness on droplet splashing [J]. Phys. Fluids,

2017, 29: 122105.

[22] XU L, ZHANG W W, NAGEL S R. Drop splashing on a dry smooth surface [J]. Phys. Rev. Lett., 2005, 94: 184505.

[23] HAO J, LU J, LEE L, et al. Droplet splashing on an inclined surface [J]. Phys. Rev. Lett., 2019, 122: 054501.

[24] STEVENS C S, LATKA A, NAGEL S R. Comparison of splashing in high - and low - viscosity liquids [J]. Phys. Rev. E, 2014, 89: 063006.

[25] RIBOUX G, GORDILLO J M. Experiments of drops impacting a smooth solid surface: a model of the critical impact speed for drop splashing [J]. Phys. Rev. Lett. 2014, 113: 024507.

[26] MOULSON J B T, GREEN S I. Effect of ambient air on liquid jet impingement on a moving substrate [J]. Phys. Fluids, 2013, 25: 102106.

[27] KHATTAB I S, BANDARKAR F, FAKHREE M A A, et al. Density, viscosity, and surface tension of water + ethanol mixtures from 293 to 323K [J]. Korean J. Chem. Eng., 2012, 29 (6): 812 - 817.

[28] LI E Q, LANGLEY K R, TIAN Y S, et al. Double contact during drop impact on a solid under reduced air pressure [J]. Phys. Rev. Lett., 2017, 119: 214502.

[29] XU L, BARCOS L, NAGEL S R. Splashing of liquids: interplay of surface roughness with surrounding gas [J]. Phys. Rev. E, 76: 066311.

[30] LATKA A, STRANDBURG - PESHKIN A, DRISCOLL M M, et al. Creation of prompt and thin - sheet splashing by varying surface roughness or increasing air pressure [J]. Phys. Rev. Lett., 2012, 109: 054501.

[31] COURBIN L, BIRD J C, STONE H A. Splash and anti - splash: observation and design [J]. Chaos, 2006, 16: 041102.

[32] BIRD J C, TSAI S S H, STONE H A. Inclined to splash: triggering and inhibiting a splash with tangential velocity [J]. New J. Phys., 2009, 11: 063017.

[33] GAUTHIER A, BIRD J C, CLANET C, et al. Aerodynamic Leidenfrost effect [J]. Phys. Rev. Fluids, 2016, 1: 084002.

[34] GAUTHIER A, BOUILLANT A, CLANET C, et al. Aerodynamic repellency of impacting liquids [J]. Phys. Rev. Fluids, 2018, 3: 054002.

[35] ZEN T S, CHOU F C, MA J L. Ethanol drop impact on an inclined moving surface [J]. Int. Commun. Heat. Mass., 2010, 37: 1025 - 1030.

[36] CHOU F C, ZEN T S, LEE K W. An experimental study of a water droplet impacting on a rotating wafer [J]. Atomization Spray. , 2009, 19: 905 – 916.

[37] ALMOHAMMADI H, AMIRFAZLI A. Understanding the drop impact on moving hydrophilic and hydrophobic surfaces [J]. Soft Matter, 2017, 13: 2040 – 2053.

[38] ABOUD D G K, KIETZIG A M. Splashing threshold of oblique droplet impacts on surfaces of various wettability [J]. Langmuir, 2015, 31: 10100 – 1011.

[39] ALMOHAMMADI H, AMIRFAZLI A. Asymmetric spreading of a drop upon impact onto a surface [J]. Langmuir, 2017, 33: 5957 – 5964.

[40] ŠIKALO Š, TROPEA C, GANIC E N. Impact of droplets onto inclined surfaces [J]. J. Colloid Interf. Sci. , 2005, 286: 661 – 669.

[41] COURBIN L, BIRD J C, STONE H A. Splash and anti – splash: observation and design [J]. Chaos, 2006, 16: 041102.

[42] LIU J, VU H, YOON S S, et al. Splashing phenomena during liquid droplet impact [J]. Atom. Spray. , 2010, 20 (4): 297 – 310.

[43] STOW C D, HADFIELD M G. An experimental investigation of fluid flow resulting from the impact of a water [J]. Proc. R. Soc. A. , 1981, 373: 419 – 441.

[44] RANGE K, FEUILLEBOIS F. Influence of surface roughness on liquid drop impact [J]. J Colloid Interface Sci. , 1998, 203: 16 – 30.

[45] RIOBOO R, TROPEA C, MARENGO M. Outcomes from a drop impact on solid surfaces [J]. Atom. Spray. , 2001, 11: 155 – 165.

[46] XU L. Liquid drop splashing on smooth, rough, and textured surfaces [J]. Phys. Rev. E, 2007, 75: 056316.

[47] XU L, BARCOS L, NAGEL S R. Splashing of liquids interplay of surface roughness with surrounding gas [J]. Phys. Rev. E, 2007, 76: 066311.

[48] LATKA A, STRANDBURG – PESHKIN A, DRISCOLL M M, et al. Creation of prompt and thin – sheet splashing by varying surface roughness or increasing air pressure [J]. Phys. Rev. Lett. , 2012, 109: 054501.

[49] ROISMAN I, LEMBACH A, TROPEA C. Drop splashing induced by target roughness and porosity: the size plays no role [J]. Adv. Colloid Interfac. , 2015, 222: 615 – 621.

[50] LATKA A. Thin – sheet creation and threshold pressures in drop splashing [J]. Soft Matter, 2017, 13: 740 – 747.

[51] GADELMAWLA E S, KOURA M M, MAKSOUD T M A, et al. Roughness

parameters [J]. J. Mater. Process. Tech. , 2002, 123: 133 – 145.

[52] QUéRé D. Wetting and roughness [J]. Annu. Rev. Mater. Res. , 2008, 38: 16. 1 – 16. 29.

[53] DE GOEDE T C, LAAN N, DE BRUIN K G, et al. Effect of wetting on drop splashing of Newtonian fluids and blood [J]. Langmuir, 2018, 34: 5163 – 5168.

[54] QUINTERO E S, RIBOUX G, GORDILLO J M. Splashing of droplets impacting superhydrophobic substrates [J]. J. Fluid Mech. , 2019, 870: 175 – 188.

[55] QUETZERI – SANTIAGO M A, YOKOI K, CASTREJóN – PITA A A, et al. The role of the dynamic contact angle on splashing [J]. Phys. Rev. Lett. , 2019, 122: 228001.

[56] BIRD J C, DHIMAN R, KWON H M, et al. Reducing the contact time of a bouncing drop [J]. Nature, 2013, 503: 385 – 388.

[57] LIU Y, MOEVIUS L, XU X, et al. Pancake bouncing on superhydrophobic surfaces [J]. Nat. Phys. , 2014, 10: 515 – 519.

[58] BARTHLOTT W, NEINHUIS C. Purity of the sacred lotus, or escape from contamination in biological surfaces [J]. Planta, 1997, 202: 1 – 8.

[59] EVERSHED R P, BERSTAN R, GREW F, et al. Water – repellent legs of water striders [J]. Nature, 2004, 432: 36.

[60] BOCQUET L, LAUGA E. A smooth future [J]. Nat. Mater. , 2011, 10: 334 – 337.

[61] ZHANG W, WEN X, YANG S, et al. Single – crystalline scroll – type nanotube arrays of copper hydroxide synthesized at room temperature [J]. Adv. Mater. , 2003, 15 (10): 822 – 825.

[62] NILSSON M A, DANIELLO R J, ROTHSTEIN J P. A novel and inexpensive technique for creating superhydrophobic surfaces using Teflon and sandpaper [J]. J. Phys. D: Appl. Phys. , 2010, 43, 045301.

[63] STAAT H J J, TRAN T, GEERDINK B, et al. Phase diagram for droplet impact on superheated surfaces [J]. J. Fluid Mech. , 2015, 779: R3.

[64] RIBOUX G, GORDILLO J M. Maximum drop radius and critical Weber number for splashing in the dynamical Leidenfrost regime [J]. J. Fluid Mech. , 2016, 803: 516 – 527.

[65] GHABACHE E, JOSSERAND C, SéON T. Frozen impacted drop: from frag-

mentation to hierarchical crack patterns [J]. Phys. Rev. Lett. , 2016, 117: 074501.

[66] ZHANG R, HAO P, ZHANG X, et al. Supercooled water droplet impact on superhydrophobic surfaces with various roughness and temperature [J]. Int. J. Heat Mass Tran. , 2018, 122: 395 – 402.

[67] PEPPER R E, COURBIN L, STONE H A. Splashing on elastic membranes: the importance of early – time dynamics [J]. Phys. Fluids, 2008, 20: 082103.

[68] HOWLAND C J, ANTKOWIAK A, CASTREJóN – PITA J R, et al. It's harder to splash on soft solids [J]. Phys. Rev. Lett. , 2016, 117: 184502.

[69] CHEN L, BONACCURSO E, DENG P, et al. Droplet impact on soft viscoelastic surfaces [J]. Phys. Rev. E, 2016, 94: 063117.

[70] VERSLUIS M. High – speed imaging in fluids [J]. Exp. Fluids, 2013, 54: 1458.

[71] BOUILLANT A, MOUTERDE T, BOURRIANNE P, et al. Leidenfrost wheels [J]. Nat. Phys. 2018, 14: 1188 – 1192.

[72] SOTO D, DE LARIVIèRE A B, BOUTILLON X, et al. The force of impacting rain [J]. Soft Matter, 2014, 10: 4929.

[73] RICHARD D, CLANET C, QUéRé D. Contact time of a bouncing drop [J]. Nature, 2002, 417: 811.

[74] KOLINSKI J M, RUBINSTEIN S M, MANDRE S, et al. Skating on a film of air: drops impacting on a surface [J]. Phys. Rev. Lett. , 2012, 108: 074503.

[75] BOUWHUIS W, VAN DER VEEN R C A, TRAN T, et al. Maximal air bubble entrainment at liquid – drop impact [J]. Phys. Rev. Lett. , 2012, 109: 264501.

[76] LIU Y, TAN P, XU L. Kelvin – Helmholtz instability in an ultrathin air film causes drop splashing on smooth surfaces [J]. Proc. Natl. Acad. Sci. USA (PNAS), 2015, 112: 3280 – 3284.

[77] MANDRE S, MANI M, BRENNER M P. Precursors to splashing of liquid droplets on a solid surface [J]. Phys. Rev. Lett. , 2009, 102: 134502.

[78] MANDRE S, BRENNER M P. The mechanism of a splash on a dry solid surface [J]. J. Fluid Mech. , 2012, 690: 148 – 172.

[79] RIBOUX G, GORDILLO J M. Boundary – layer effects in droplet splashing [J]. Phys. Rev. E, 2017, 96: 013105.

[80] GORDILLO J M, RIBOUX G. A note on the aerodynamic splashing of droplets [J]. J. Fluid Mech. , 2019, 871: R3.

[81] SCHELLER B L, BOUSFIELD D W. Newtonian drop impact with a solid surface [J]. AIChE J. , 1995, 41 (6): 1357 – 1367.

[82] PASANDIDEH – FARD M, QIAO Y M, CHANDRA S, et al. Capillary effects during droplet impact on a solid surface [J]. Phys. Fluids, 1996, 8: 650.

[83] CLANET C, BéGUIN C, RICHARD D, et al. Maximal deformation of an impacting drop [J]. J. Fluid Mech. , 2004, 517: 199 – 208.

[84] ROISMAN I V. Inertia dominated drop collisions. II. An analytical solution of the Navier – Stokes equations for a spreading viscous film [J]. Phys. Fluids, 2009, 21: 052104.

[85] LAAN N, DE BRUIN K G, BARTOLO D, et al. Maximum diameter of impacting liquid droplets [J]. Phys. Rev. Appl. , 2014, 2: 044018.

[86] TANG C, QIN M, WENG X, et al. Dynamics of droplet impact on solid surface with different roughness [J]. Int. J. Multiphase Flow, 2017, 96: 56 – 69.

第 3 章

表面速度对液滴飞溅的影响

|3.1 研究概况|

相对于液滴垂直撞击固体表面后形成的对称飞溅（图 1 – 2（a））[1,2]，液滴撞击运动表面后，在表面切向速度影响下形成的飞溅是非对称的。也就是说，在切向速度 V_t 上游，液滴的飞溅被强化，而在下游，飞溅可被完全抑制，如图 3 – 1 所示[3]。这种非对称自然地同时展现了飞溅的强化和抑制，非常便于开展飞溅机理的研究，同时在自然界和大部分科技应用中，液滴撞击时均与被撞击表面有一定角度或者被撞击表面具有运动速度，因而具有切向速度，如雨滴撞击运动中的交通工具或倾斜的自然表面（植物叶子、岩石等）、液滴撞击涡轮叶片、燃料液滴撞击燃烧室壁面、墨滴撞击运动的纸张等[4]。前人对于液滴飞溅机理的研究多集中于液滴垂直撞击[1,2]，对在表面运动速度影响下液滴飞溅的研究虽有开展并正在成为研究热点[3-8]，但仍很不充分[1]，其形成机理也尚存在争议。

液滴撞击运动表面形成的非对称飞溅通常被认为是上下游液膜相对表面的惯性不同造成的[3,5-8]。也就是说，上游液膜铺展方向与切向速度相反，液膜相对被撞击表面的运动速度增加，使得上游液膜相对表面的惯性增加，上游飞溅被强化；与之相对，切向速度与下游液膜铺展方向相同，液膜相对表面运动速度减小，下游飞溅被抑制。

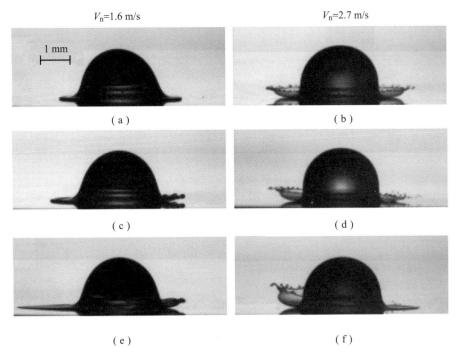

图 3 - 1　液滴撞击运动表面形成的非对称飞溅[3]

(a) $V_t = 0$ m/s；(b) $V_t = 0$ m/s；(c) $V_t = -2.4$ m/s；
(d) $V_t = 8.4$ m/s；(e) $V_t = -5.4$ m/s；(f) $V_t = 8.2$ m/s

对于液滴垂直撞击干燥光滑表面形成的对称飞溅，Xu 等[9]于 2005 年发现降低环境压强可以完全抑制这种飞溅，如图 3 - 2 所示[9]。在图 3 - 2 中，每行对应一个环境压强 P（以绝对压力表示），每列对应一个撞击时间 T（定义为从液滴接触表面时刻起的时间）。由图可知，环境压强从 100 kPa 降低至 38.4 kPa，液滴碰撞后形成的飞溅逐渐减弱；直至环境压强降低至 30 kPa，飞溅被完全抑制；进一步降低环境压强至 17.2 kPa，飞溅同样没有出现。

Xu 等[9]的发现触发了至今十几年来人们对液滴飞溅机理研究的热情[1]，然而迄今尚无学者研究环境压强对于液滴在运动表面上形成非对称飞溅的影响。

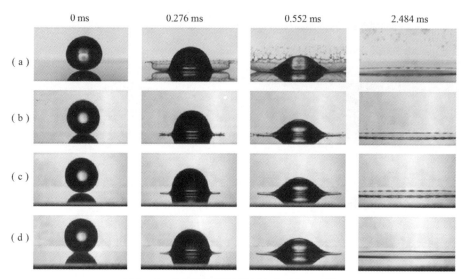

图 3-2　降低环境压强抑制液滴对称飞溅[9]

（a）100 kPa；（b）38.4 kPa；（c）30 kPa；（d）17.2 kPa

|3.2　实验设置|

在真空室内开展液滴撞击运动表面实验的原理示意如图 3-3 所示，实验装置如图 3-4 所示。

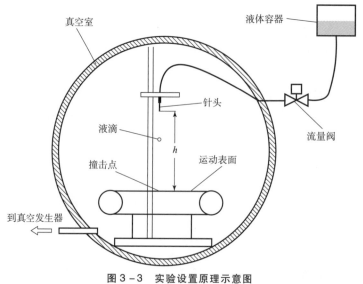

图 3-3　实验设置原理示意图

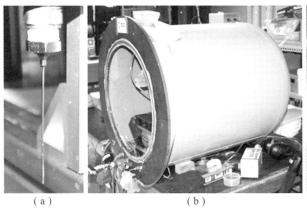

（a）　　　　　　　　　　（b）　　　　　　　　　（c）

图3-4　实验装置

（a）平头针头；（b）真空室；（c）真空发生器

　　液体通过放置于高处的液体容器连接针头，在两侧压强差的作用下，在平头针头处形成液滴，平头针头如图3-4（a）所示。液滴重力随经过管路流入的液体增加而逐渐增加，当液滴自身所受重力能克服表面张力时，液滴从针头脱落。从液体容器到针头的流量由流量阀控制。为了形成稳定的液滴，可将流量阀调整为管路内流量足够小，以保证液滴仅在自身重力作用下与针头分离。为了研究液滴大小对于液滴非对称飞溅的影响，在实验中采用了三个不同内径的针头，从而获得了三种不同的液滴直径 D_0，分别为（2.0±0.1）mm、（2.4±0.1）mm、（3.1±0.1）mm。通过在被撞击点处放置透明标准参照物，然后在高速图像中将其与液滴比对，即可获得液滴直径。在撞击时刻，每次实验中的液滴均为接近球体的形状，通过测试高速图像中液滴的视觉纵横比（图像中的最大高度和宽度）可知，液滴的视觉纵横比在0.97~1.03的范围内。前人研究表明[10]，液滴直径的视觉纵横比在1±0.05范围内时，液滴的形状不再影响液滴飞溅的临界速度。液滴速度由重力驱动，通过调节针头出口与运动表面上撞击点的距离 h，可以改变液滴撞击时刻的速度 V_D。在本章研究中，液滴撞击速度为1~2.4 m/s，对高速图像处理结果表明，该速度接近于以重力加速度计算行程为 h 的液滴速度。

　　被撞击表面是一条宽度为75 mm的光滑弹簧钢带，以轮廓算术平均偏差 R_a 表示的钢带表面粗糙度为（0.5±0.1）μm。钢带由一台改造的可调速带式砂光机驱动，可实现表面运动速度 V_S 最高达5.1 m/s。对高速图像进行图像处理，然后测试钢带转动一圈所需的时间，即可计算钢带速度。每次实验后，都使用乙醇对运动表面清理三次以上（尤其是在黏性液滴撞击后），在下次实验开始前，静置干燥 10 min 以上，以保证每次实验时的运动表面都洁净、干燥。

如图 3－4 所示，真空室为钢制筒状结构，真空室前端盖上开孔并覆盖一块圆形有机玻璃，以方便高速相机拍摄液滴撞击过程；真空室内的真空度由三个真空发生器控制，真空发生器与一个高压大气室（压力为 500 kPa）连接，阀门打开后，在压力驱动下喷射高速射流，在文丘里原理作用下可将真空室内的气体抽出。真空室内的压强由一个数字式真空压强表测量，测量精度为 ±0.5%。在当前设置条件下，真空室内的绝对压强 P 可在 10～101 kPa 范围内调节。

为了研究具有不同黏性系数但表面张力系数接近的液体对液滴飞溅的影响，本实验准备了不同浓度的乙醇甘油溶液。这些溶液的物理参数如表 3－1 所示，表中的动力黏性系数 μ 由一台 Kinexus 旋转式流变仪测试，表中数据均为至少三次测试结果的平均值，测试结果与文献 [11] 中结果的误差在 1% 以内。

表 3－1　乙醇甘油溶液在环境温度为 21℃和环境压强为 101 kPa 条件下的物理属性

溶液/%（乙醇质量百分比）	密度 ρ/（kg·m^{-3}）	动力黏性系数 μ/（mPa·s）	表面张力系数 σ/（mN·m^{-1}）
100.00	789.91	1.21	22.2
93.53	805.71	1.65	22.3
87.77	832.31	2.04	22.4
74.51	876.67	3.53	22.8
65.26	923.25	5.89	23.5
54.97	969.33	11.04	23.8
43.34	1 019.33	20.31	25.1

液滴撞击过程由一台 Phantom V12 高速相机和一支微距镜头配合，通过真空室上的透明窗口记录，记录帧速均为 4×10^4 帧/s，与 Xu 等[9]的记录帧速接近。为了获得清晰的背光拍摄图像，在运动表面之后放置一个高亮度 LED 灯，透过一块放置于运动表面和灯之间的散光板来为拍摄提供照明。

|3.3　实验现象|

前人从未开展过液滴在低压下撞击运动表面形成飞溅的研究，新的实验产生的是全新的实验现象，因此在本节给出定性的实验现象，下一节将在此基础上进一步开展定量研究。

3.3.1 通过复现前人实验结果来验证本实验设置的正确性

如图 3 – 5 所示为液滴撞击静止表面和运动表面后随时间演化的对比。图中，除表面运动与否外，其他实验条件保持一致；液滴均为纯乙醇；直径均为 $D = (3.1 \pm 0.1)$ mm，撞击速度均为 $V_D = 2.2$ m/s，环境压强均为 $P = 101$ kPa；每列表示一个不同的撞击时间 T，分别为 0、0.2 ms、0.4 ms；白色比例标志表示的是 1 mm 长度；图 3 – 5（b）中的表面运动方向为从左向右，运动速度为 $V_s = 4.3$ m/s。由图 3 – 5（a）可知，液滴撞击静止表面后发生对称飞溅，形成二次小液滴沿圆周方向飞出。图 3 – 5（b）的结果与 Bird 等[3] 的实验观察一致（图 3 – 1），被撞击表面的运动强化了运动方向上游（图 3 – 5（b）液滴左侧）的液滴飞溅，而完全抑制了运动方向下游的飞溅（图 3 – 5（b）液滴右侧）。

图 3 – 5　3.1 mm 直径液滴撞击静止表面和运动表面后随时间演化的对比
（a）静止表面；（b）运动表面

上述对比说明，在当前的实验设置下，可以获得与前人一致的实验结果，因而实验设置是正确的。接下来，在此基础上，研究在不同环境压强下，液滴撞击运动表面后液滴随时间的变化。

3.3.2 不同环境压强对液滴碰撞结果的影响

图 3 – 6 所示为液滴在不同环境压强下撞击运动表面后液滴随时间演化的对比。其中，除环境压强外，其他实验条件保持一致；液滴均为纯乙醇，直径均为 $D = (3.1 \pm 0.1)$ mm，撞击速度均为 $V_D = 2.2$ m/s，表面运动方向均为从左向右，运动速度均为 $V_s = 4.3$ m/s；每列表示一个不同的撞击时间 T，分别

为 0 ms、0.4 ms、1 ms；每行表示一个不同的环境压强 P，分别为 101 kPa、27.5 kPa、24.1 kPa、23.8 kPa；白色比例标志表示 1 mm 长度。

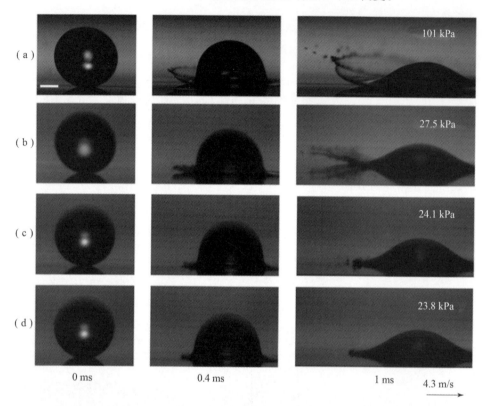

图 3-6　3.1 mm 直径液滴在不同环境压强下撞击运动表面后随时间演化的对比

(a) $P = 101$ kPa，皇冠型飞溅；(b) $P = 27.5$ kPa，弱化的皇冠型飞溅；
(c) $P = 24.1$ kPa，微液滴飞溅；(d) $P = 23.8$ kPa，沉积

图 3-6 表明，表面运动方向上游强化的皇冠型飞溅随环境压强的降低而逐渐变弱（图 3-6 (a) ~ (c)），最终被完全抑制（图 3-6 (d)），这与 Xu 等[9]在静止表面上观察到的现象一致，从而再一次表明气体是液滴在运动表面形成非对称飞溅的关键条件。在降低压强抑制飞溅的过程中，可观察到两种不同的转变过程，在压强下降过程中，皇冠型飞溅先转变为微液滴飞溅（图 3-6 (b) (c)）；继续降低压强，微液滴飞溅也被抑制，液滴撞击后只是沉积在运动表面上（图 3-6 (c) (d)）。

基于上述观察，课题组定义两个临界压强 P_{T1} 和 P_{T2}，皇冠型飞溅开始转变为微液滴飞溅时的环境压强为 P_{T1}，用于表示环境压强低于 P_{T2} 时，微液滴飞溅转变为沉积。由于实验是在一定的压强间隔下开展的，即环境压强在实验中无

法进行连续无间隔调节（因为实验量是有限的），从而无法获得精确的 P_{T1} 和 P_{T2}，因此课题组定义 P_{T1} 和 P_{T2} 的平均值为抑制液滴飞溅所需的临界压强 P_T。需要注意的是，在大部分实验结果中，P_{T1} 和 P_{T2} 之间的差小于 P_{T1} 的 10%，因而大部分临界压强 P_T 的不确定度也是小于 10% 的。

3.3.3　不同撞击速度对液滴碰撞结果的影响

液滴撞击静止表面时，存在一个临界速度值，液滴撞击速度若高于该值，则碰撞后发生飞溅，若低于该值则发生沉积[12]。该临界值的产生机理尚未形成共识，仍是吸引国内外学者的一个研究热点。对于液滴撞击运动表面的情况，可在低环境压强下观察到同样的现象，如图 3 – 7 所示。图中，液滴均为纯乙醇；直径均为 $D = (3.1 \pm 0.1)$ mm，环境压强均为 $P = 30.2$ kPa；表面运动方向为从左向右，运动速度均为 $V_S = 4.3$ m/s；每列表示一个不同的撞击时间 T，为便于比较实验结果，每列在 T 时刻对应的无量纲时间 $t = TV_D/D$ 都是相同的（在第 1 列，$T = 0$），即每列均为液滴向下运动相同距离时刻的图像；每行表示一个不同的撞击速度 V_D，分别为 2.2 m/s、1.8 m/s、1.4 m/s；白色比例标志表示 1 mm 长度。

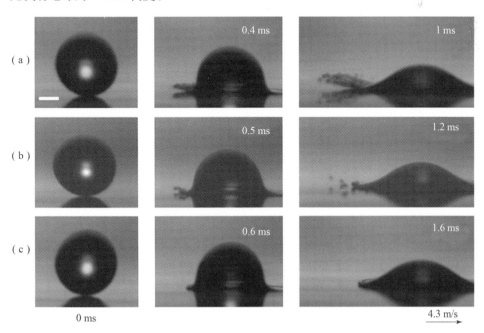

图 3 – 7　3.1 mm 直径液滴在不同撞击速度下撞击运动表面后液滴随时间的演化

（a）$V_D = 2.2$ m/s，皇冠型飞溅；（b）$V_D = 1.8$ m/s，微液滴飞溅；（c）$V_D = 1.4$ m/s，沉积

图 3-7 表明，随着液滴撞击速度的降低，液滴在运动表面形成的皇冠型飞溅（$V_D = 2.2$ m/s，图 3-7（a））被抑制为微液滴飞溅（$V_D = 1.8$ m/s，图 3-7（b）），继续降低速度到 $V_D = 1.4$ m/s，液滴撞击运动表面后形成的液膜不再发生飞溅，而是沉积在该表面上，并随表面一起运动（图 3-7（c））。

3.3.4　不同液滴直径对液滴碰撞结果的影响

液滴直径是影响液滴碰撞结果的另一个关键因素，在低压环境下，课题组研究了液滴直径对于液滴撞击运动表面的影响，发现在同样条件下，随着液滴直径的减小，液滴的飞溅可被抑制，如图 3-8 所示。图中，液滴均为纯乙醇；撞击速度均为 $V_D = 2.2$ m/s，环境压强均为 $P = 27.5$ kPa；表面运动方向为从左向右，运动速度均为 $V_S = 4.3$ m/s；每列表示一个不同的撞击时间 T，分别为 0 ms、0.4 ms、1 ms；每行表示一个不同的液滴直径 D，分别为 3.1 mm、2.4 mm、2.0 mm；白色比例标志表示 1 mm 长度。

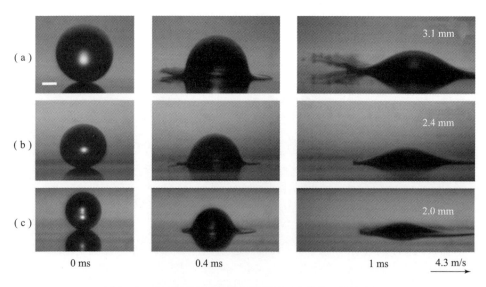

图 3-8　不同直径液滴撞击运动表面后液滴随时间的演化
（a）$D = 3.1$ mm，皇冠型飞溅；（b）$D = 2.4$ mm，微液滴飞溅；（c）$D = 2.0$ mm，沉积

图 3-8 表明，随着液滴直径的减小，液滴在运动表面形成的皇冠型飞溅（$D = 3.1$ mm，图 3-8（a））被抑制为微液滴飞溅（$D = 2.4$ mm，图 3-8（b）），继续降低液滴直径到 $D = 2.0$ mm，液滴撞击运动表面后形成的液膜沉积在该表面上，并随表面一起运动（图 3-8（c））。

3.3.5　不同黏性对液滴碰撞结果的影响

研究[13]表明，液滴黏性显著地影响液滴形成飞溅的临界参数（撞击速度或环境压力），在对液滴撞击静止表面形成的飞溅研究中[13]发现，液滴黏性对于飞溅临界压力的影响是非单调的。Latka 等[14]研究了黏性液滴撞击粗糙表面，发现提高表面粗糙度可以抑制黏性液滴的飞溅，并认为表面粗糙度可以推后飞溅时刻（从撞击到液膜离开被撞击表面），并最终抑制飞溅。前人针对黏性液滴飞溅的研究均是针对撞击静止表面的[9,13,14]，对运动表面上液滴的飞溅又采用的是低黏性液滴[5-7]，而黏性液滴撞击运动表面产生的现象（尤其是在低环境压力下的现象）尚未被研究。

课题组采用如表 3-1 所示的甘油乙醇混合溶液来研究黏性对液滴撞击运动表面的影响，研究结果如图 3-9 所示。如表 3-1 所示，不同溶液的密度有所不同，但相对于黏性的差别，密度的差别是很小的，因此在本实验中忽略液体密度的差别对实验结果的影响，而仅考虑黏性的影响。图 3-9 中液滴直径均为 $D =$ 2.0 mm，撞击速度均为 $V_D = 1.6$ m/s，环境压强均为 $P = 32.2$ kPa，表面运动方向为从左向右，运动速度均为 $V_S = 3.5$ m/s。每列表示一个不同的撞击时间 T，分别为 0 ms、1 ms、1.5 ms；每行表示一个不同的液滴动力黏性系数 μ，分别为 1.21 mPa·s、5.89 mPa·s、20.31 mPa·s；白色比例标志表示 1 mm 长度。

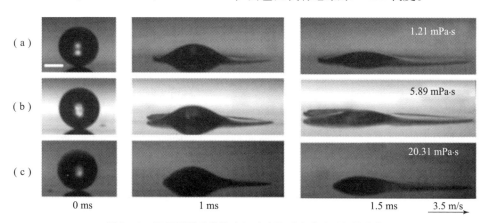

图 3-9　不同黏性液滴撞击运动表面后液滴随时间的演化
（a）$\mu = 1.21$ mPa·s，沉积；（b）$\mu = 5.89$ mPa·s，皇冠型飞溅；
（c）$\mu = 20.31$ mPa·s，沉积

在图 3-9 条件下，低黏性液滴（纯乙醇）撞击运动表面后沿表面铺展，并沉积于表面，未形成飞溅，如图 3-9（a）所示。当液滴黏性增加至 5.89 mPa·s时，液滴撞击运动表面后液膜离开表面形成了皇冠型飞溅，如图 3-9（b）所

示；进一步增加液滴黏性到 20.31 mPa·s，飞溅现象被抑制，液滴仅沉积在运动表面，如图 3-9（c）所示。这种液滴飞溅临界条件和液滴黏性之间的非单调变化趋势，与 Moulson 等[15]研究液体射流撞击运动表面的实验结果，以及 Stevens 等[13]研究液滴撞击静止表面的实验结果都吻合。

3.4 定量研究

课题组使用纯乙醇、乙醇甘油混合溶液，通过实验来确定抑制液滴在运动表面飞溅所需的临界压强 P_{T1}、P_{T2} 和 P_T，并研究表面速度 V_S、液滴撞击速度 V_D、液滴直径 D 和液滴黏性 μ 对临界压强的影响。结果表明，微液滴飞溅的压力区间随液滴撞击速度、表面运动速度和液滴黏性的降低而减小。

3.4.1 乙醇液滴撞击静止表面

Xu 等[9]的研究表明，降低环境压力可以完全抑制液滴撞击静止表面形成的皇冠型飞溅。为了进一步验证本章的实验设置，课题组研究了当表面运动速度 $V_S = 0$ m/s 时，抑制以不同撞击速度 V_D 运动的乙醇液滴撞击该表面形成的皇冠型飞溅所需的临界压力 P_T。如图 3-10 中的灰色曲线所示，该曲线使用

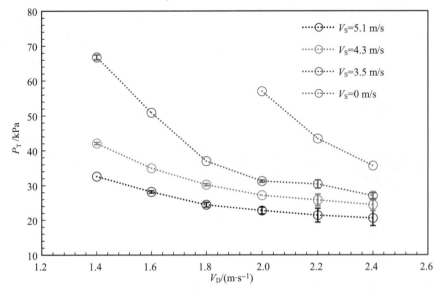

图 3-10　临界压强与液滴撞击速度和表面运动速度的关系曲线（$D = 3.1$ mm）

（书后附彩插）

直径 $D = 3.1$ mm 的乙醇液滴通过实验测量获得。Xu 等[9] 的研究表明，液滴撞击速度 V_D 如果小于某个临界速度 V^*，则临界压力 P_T 随液滴撞击速度 V_D 的增加而单调降低。由于图 3 – 10 中的液滴撞击速度 V_D 均小于 V^*，所以图中临界压强展示与 Xu 等[9] 结果一致的随液滴撞击速度增加而单调降低的趋势。这为本章实验设置的正确性进一步提供了支撑。

3.4.2　乙醇液滴撞击运动表面

图 3 – 10 所示为使用乙醇液滴且液滴直径 $D = 3.1$ mm 的情况下，抑制具有不同撞击速度 V_D 的液滴撞击具有不同运动速度 V_S 的表面形成飞溅所需的临界压强 P_T。由图 3 – 10 可知，在低液滴撞击速度 V_D 情况下，临界压强值 P_T 随表面运动速度 V_S 变化而有很大的变化，如液滴撞击速度为 $V_D = 1.4$ m/s 时，表面速度 V_S 从 3.5 m/s 提高至 5.1 m/s，临界压强 P_T 从 67 kPa 下降至 33 kPa；与之相对，在高液滴撞击速度 V_D 情况下，表面运动速度 V_S 的变化对临界压强 P_T 的影响较小，如液滴撞击速度为 $V_D = 2.4$ m/s 时，表面速度 V_S 从 3.5 m/s 提高至 5.1 m/s，临界压强 P_T 仅从 27 kPa 降至 21 kPa。

图 3 – 11 所示为使用乙醇液滴，且表面运动速度 V_S 固定为 4.3 m/s 情况下，抑制具有不同直径 D 的液滴以不同的撞击速度 V_D 撞击运动表面形成飞溅所需的临界压强 P_T。图 3 – 11 的曲线重复了图 3 – 10 中临界压强受液滴撞击速度影响的趋势，即在低液滴撞击速度 V_D 下，临界压强值 P_T 随液滴直径 D 变

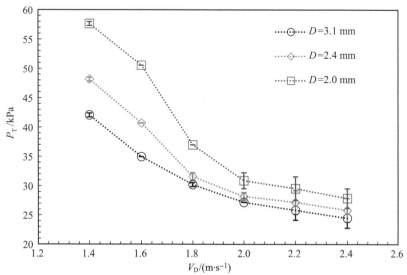

图 3 – 11　临界压强与液滴撞击速度和液滴直径的关系曲线（$V_S = 4.3$ m/s）

（书后附彩插）

化而有很大的变化，而在高液滴撞击速度 V_D 下，液滴直径 D 的变化对临界压强 P_T 的影响较小。此外，图 3-11 还表明临界压强随液滴直径的增加而减小，抑制不同直径液滴飞溅所需的临界压强随液滴撞击速度的增加而逐渐接近。例如，液滴撞击速度为 $V_D = 1.4$ m/s 时，液滴直径 D 从 2.0 mm 增加至 3.1 mm，临界压强 P_T 从 58 kPa 下降至 42 kPa；而当液滴撞击速度为 $V_D = 2.4$ m/s 时，液滴直径 D 从 2.0 mm 增加至 3.1 mm，临界压强 P_T 仅从 28 kPa 下降至 24 kPa。

3.4.3 乙醇甘油混合溶液液滴撞击运动表面

为研究液体黏性对液滴飞溅的影响，课题组通过实验获得了抑制具有不同质量浓度的乙醇甘油溶液（表 3-1）液滴撞击运动表面形成飞溅的临界压强 P_T，结果如图 3-12 和图 3-13 所示。图 3-12 所示为液滴撞击速度 V_D 固定为 1.6 m/s，表面运动速度 V_S 固定为 3.5 m/s 的情况下，抑制具有不同直径 D 和不同动力黏性系数 μ 的液滴撞击运动表面形成飞溅所需的临界压强 P_T。图 3-13 所示为液滴直径 $D = 2.0$ mm 的情况下，抑制具有不同动力黏性系数 μ 的液滴以不同的撞击速度 V_D 撞击不同运动速度 V_S 的表面形成飞溅所需的临界压强 P_T。

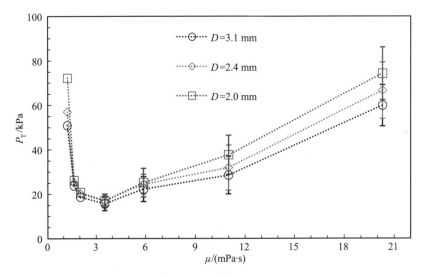

图 3-12　临界压强与液滴黏性和液滴直径的关系曲线（$V_D = 1.6$ m/s；$V_S = 3.5$ m/s）

（书后附彩插）

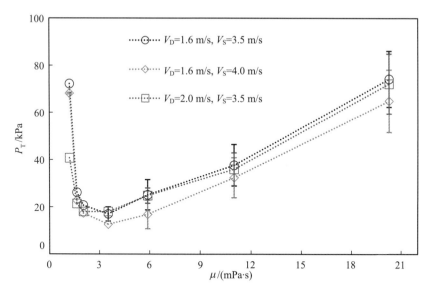

图 3 - 13　临界压强与液滴黏性、液滴撞击速度和表面运动速度的关系曲线（D = 2.0 mm）

（书后附彩插）

　　图 3 - 12 和图 3 - 13 均表明，在低于约 3 mPa·s 的黏性条件下，临界压强随黏性系数的增加而急剧下降。例如，在其他所有参数保持为定值情况下，抑制动力黏性系数 μ = 1.65 mPa·s 的液滴所需的临界压力要比抑制动力黏性系数 μ = 1.21 mPa·s 的液滴所需的临界压力低大约 60%。随黏性变化所产生的极小值看起来不随其他实验条件（液滴直径 D、液滴撞击速度 V_D、表面运动速度 V_S）的变化而发生变化，具有很好的鲁棒性。图 3 - 12 和图 3 - 13 中的临界压力极小值均位于 μ = 3.53 mPa·s 这一点。当液滴的动力黏性系数 μ 大于约 4 mPa·s 时，临界压力随动力黏性系数的增加而缓慢提高，这样的变化趋势与 Moulson 等[15]研究液体射流撞击运动表面时获得的结果一致，也符合 Stevens 等[13]研究黏性液滴撞击静止表面时获得的结果。

　　如图 3 - 10 和图 3 - 11 所示，纯乙醇实验结果表明，临界压强随液滴直径的增加、液滴撞击速度的增加以及表面运动速度的增加而降低；如图 3 - 12 和图 3 - 13 所示，乙醇甘油混合溶液液滴的实验结果同样具有这样的趋势。

|3.5　机 理 分 析|

　　如本书绪论中所述，液滴的飞溅是一个高度瞬态的流动现象，其受液体、

液滴飞溅动力学

气体和表面属性的显著影响，尚无公认的、统一的物理机理解释。然而，经过超过一个世纪的研究[16]，已形成了基于惯性动力学[17-22]、Kelvin – Helmholtz 失稳[23-26]、液膜下气体薄层动力学[27-30]和液膜气体动力学[12,31,32]的飞溅机理理论。在这些理论中，基于惯性动力学的理论无法解释由环境气体压强的变化引起的飞溅抑制。近些年，针对液膜下气体薄层的研究尚未发现在液膜前段存在气体薄层，因而基于液膜下气体薄层动力学的理论尚需进一步验证，基于 Kelvin – Helmholtz 失稳的飞溅理论同样存在验证的难题。Riboux 等[12]提出的基于环境气体对液膜前端升力的飞溅理论，可以同时从定性和定量的角度解释不同情况下[12,31,33-37]的液滴飞溅，如不同属性液滴在光滑表面的飞溅[12,31,34]、在过热的光滑表面的飞溅[33,35]、在具有不同润湿性表面上的飞溅[36]、在粗糙表面的飞溅[37]、不同温度条件下液滴飞溅后形成的二次液滴大小和速度[34,35]。这些应用表明，该理论在分析液滴飞溅机理上具有非常强的适应性，本章也将基于作用在液膜前端的气体升力来解释所观察到的现象，这个气体升力被认为是液膜从被撞击表面上分离并最终形成飞溅的驱动力[12,15]。

图 3 – 14 所示为飞溅时刻前后的液膜示意图，图中的表面以从左向右的速度 V_S 运动。液滴撞击运动表面后形成液体薄膜，液膜沿表面铺展。液滴飞溅时刻之前，表面运动速度上下游的液膜均贴在表面向两侧铺展；液滴飞溅时刻之后，表面运动速度上游的液膜（图 3 – 14 左侧液膜）前端离开运动表面，同时，表面运动速度下游的液膜（图 3 – 14 右侧液膜）前端继续沿运动表面铺展。图 3 – 14 中，$V_{r,u}$ 是上游液膜前端的相对气体速度，$V_{r,d}$ 是下游液膜前端的相对气体速度，F_L 是上游液膜前端受到的竖直向上的气体升力，该升力由液膜前端底部的气体和上部的气体共同形成。

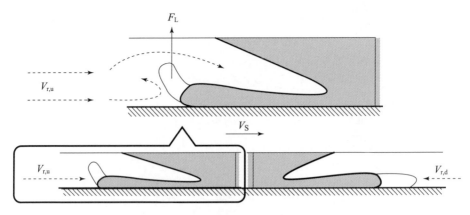

图 3 – 14　飞溅时刻前后的液膜示意图

在液滴撞击点附近的运动表面上方的气体边界层厚度可以估算为 $\delta = 5\sqrt{\mu_g l / V_s} > 2\ 700\ \mu m^{[38]}$，其中空气的运动黏性系数 $\mu_g = 1.5 \times 10^{-5}\ m^2/s$，从撞击点到弹簧钢带运动起点的距离 $l = 0.1\ m$。因为运动表面上方边界层厚度远远大于估算的液膜厚度 $H = \sqrt{\mu t / \rho} \approx \sqrt{\mu D / (\rho V_D)} < 210\ \mu m^{[3,9]}$，在本节的分析中，假设被撞击点附近的空气以和运动钢带相同的速度 V_s 运动。基于该假设，参考图 3 – 14，上游液膜前端速度可被表示为 $V_{r,u} \cong V_t + V_s$，式中的 V_t 是液膜前端从运动表面分离时刻的运动速度。对于下游液膜前端速度的分析，由于受到液滴本身的遮挡和撞击过程的高度瞬态特性而更为复杂，并不能简单表述为 $V_{r,d} \cong V_t - V_s$，但是很显然，$V_{r,d} < V_t$。在上游液膜前端，由于表面运动速度 V_s 增加了气体相对速度 $V_{r,u}$，在其他条件不变时，由 $V_{r,u}$ 产生的气体升力 F_L 也就相应增大了；在下游液膜前端，气体相对速度 $V_{r,d}$ 的降低减小了该处液膜前端所受到的气体升力 F_L。这种上下游气体升力的不同，使得上游液膜更易于发生飞溅，而下游液膜处的飞溅被抑制。当气体压力降低时，气体密度 ρ_g 相应地减小，动压 $\rho_g V^2 / 2$ 减小，作用在液膜前端的气体升力也相应减小。当环境压力降低到足够低，以致所产生的气体升力不足以使液膜前端离开运动表面时，上下游的飞溅均被抑制。

上述分析定性地解释了本章观察到的现象，下面进行定量分析。

为了获得一个可以定量分析飞溅临界压强的理论模型，本实验将把表面运动速度 V_s 引入最早由 Riboux 和 Gordillo[12] 提出的理论模型（此后简称 "R&G 模型"），通过这样的扩展使该模型适用于本实验的情况。R&G 模型的核心是计算液滴撞击后的液膜射出时间点 T_e，这个时间被定义为液膜从表面开始分离的初始时刻。R&G 模型中的所有参数均被表述为无量纲形式，长度、速度、时间和压力分别使用特征长度 $R = D/2$、特征速度 V_D、特征时间 $D/(2V_D)$ 和特征压强 ρV_D^2 进行无量纲化处理，所有无量纲化的参数均用小写字母表述。无量纲化的液膜射出时间点可表示为 $t_e = T_e V_D / R$。当液膜前端的减速度小于表面润湿面积的减速度时，液膜前端则只能从表面分离。基于这样的概念，Riboux 和 Gordillo 推导出了一个代数方程来求解 t_e。他们认为，流体粒子流入液膜薄层前端所经历的压强增量和作用在流体粒子上的黏性剪切力使得液膜前端减速，如果液膜前端运动速度比湿润面积增加的速度快，则液膜前端只能离开表面，从而形成飞溅。

液滴撞击运动表面后，运动方向上游的液膜更易于形成飞溅，运动速度同时也强化上游的飞溅，课题组测试获得的临界压力也均基于上游飞溅的抑制，因而把上述概念仅应用于表面运动方向上游的液膜运动。上游液膜前端形成飞

溅的条件为

$$dv/dt = -\partial p/\partial x + Re^{-1} \nabla^2 v \geq \ddot{a}, t = t_e \tag{3-1}$$

式中，dv/dt——液膜的无量纲化加速度；

      p——液膜内的压强；

      x——从液膜底部（与表面接触处）为原点向上的 x 向坐标值；

      Re——雷诺数，$Re = \rho V_D R/\mu$；

      a——位于表面运动方向上游的湿润面积的瞬时无量纲半径。

基于潜流理论，湿润面积的无量纲半径与无量纲时间的关系可表示为 $a(t) = \sqrt{3t}$ [12]，所以 $\ddot{a} \propto t^{-3/2}$。为进一步推导液膜与表面分离的时间，在此假设：尽管被撞击表面的运动速度打破了液滴撞击的对称性，但由于飞溅发生在撞击的早期，可以认为表面速度尚未打破液滴撞击的对称性，因此上游液滴的湿润面积仍然保持和液滴撞击静止表面的情况下一样，即 $a(t) = \sqrt{3t}$，则 $\ddot{a} \propto t_e^{-3/2}$。对于液滴撞击运动表面的情况，由毛细压力引起的对上游液膜前端的加速度仍然是 $\partial p/\partial x \sim Re^{-2}Oh^{-2}/h_t^2$；由黏性引起的对上游液膜前端的加速度，由于表面具有运动速度（无量纲）v_s 而不同，应该表示为 $(\dot{a} + v_s)/h_t^2$。这里，$Oh = \mu/\sqrt{\rho R\sigma}$ 是奥内佐格数，无量纲的上游液膜湿润速度为 $\dot{a} = \sqrt{3}t_e^{-1/2}/2$，无量纲的表面运动速度 $v_s = V_S/V_D$，无量纲的液膜前端厚度为 $h_t = H_t/R$，H_t 是液膜前端厚度。基于前述分析，可以把 R&G 模型的式（3-1）改写为如下形式：

$$c_1 Re^{-1} t_e^{-1/2} + Re^{-1} v_s + Re^{-2} Oh^{-2} = c^2 t_e^{3/2} \tag{3-2}$$

式中，两个常数分别为 $c_1 = \sqrt{3}/2$ 和 $c^2 = 1.2$，是 Riboux 和 Gordillo 根据他们的实验结果拟合获得的。

一旦 t_e 通过求解式（3-2）获得，则在液滴飞溅时刻的液膜前端厚度 H_t 和运动速度 V_t 可分别如下获得：

$$H_t = R\sqrt{12t_e^{3/2}}/\pi \tag{3-3}$$

$$V_t = 1/2 V_D\sqrt{3/t_e} \tag{3-4}$$

当液膜被射出时，它的前端受到了一个气动升力 F_L，F_L 由每单位长度上液膜下气体的润滑力和液膜上气体的吸力共同构成，如图 3-14 所示，该力可以表示如下：

$$F_L = K_1 \mu_g V_{r,u} + K_u \rho_g V_{r,u}^2 H_t \tag{3-5}$$

这里，具有下标"g"的参数为气体参数。通过数值模拟，可知当 $3 < Re_{local} < 100$ 时，$K_u \cong 0.3$。其中，Re_{local} 是气体的雷诺数，$Re_{local} = \rho_g V_{r,u} R_c/\mu_g$；前进的液膜前端的曲线半径可表示为 $R_c \simeq H_t$。此外，Riboux 和 Gordillo 还推导

出了 $K_1 \simeq -(6/\tan^2\alpha)[\ln(19.2\lambda/H_t) - \ln(1 + 19.2\lambda/H_t)]$，式中 λ 是气体分子的平均自由程，α 约为 $60°$。不同环境压强和温度下的气体分子自由程可表示为 $\lambda = \lambda_0(T/T_0)(P_0/P_T)$，气体密度可表示为 $\rho_g = \rho_{g0}(T_0/T)(P_T/P_0)$。式中，$\lambda_0 = 65 \times 10^{-9}$ m 和 $\rho_{g0} = 1.18$ kg·m^{-3} 分别为环境压强为 $P_0 = 10^5$ Pa 和环境温度为 $T_0 = 25℃$ 时的气体参数。Riboux 和 Gordillo 及 Moulson 和 Sheldon 都认为，当作用在液膜上的每单位长度的升力与表面张力之比超过某一个临界值时，飞溅将出现。这个概念可被表示为 β^2：

$$\beta^2 = F_L/(2\sigma) \tag{3-6}$$

对于液滴在静止表面的飞溅，Riboux 和 Gordillo 发现 β 约为 0.14。课题组把图 3-10 中液滴撞击静止表面的实验数据代入式（3-2）~式（3-5）来计算 F_L，并进一步把 F_L 代入式（3-6）来确定 β。β 在 $V_D = 2.0$ m/s、2.2 m/s 和 2.4 m/s 三种条件下分别为 0.136、0.129 和 0.125，这些值与 Riboux 和 Gordillo 的研究吻合良好。

用 $V_{r,u} = V_t + V_s$ 来表示表面运动方向上游的液膜前端在飞溅时刻的运动速度，代入式（3-5）和式（3-6）可得：

$$\beta = \sqrt{\frac{K_1\mu_g(V_t + V_s) + K_u\rho_g(V_t + V_s)^2 H_t}{2\sigma}} \tag{3-7}$$

把图 3-10 ~ 图 3-13 所示的实验数据带入式（3-7），即可获得不同条件下对应的 β，如图 3-15 所示。图中，●表示纯乙醇的实验数据；○表示采用乙醇质量百分比为 93.53% 的溶液的实验数据；■表示为采用乙醇质量百分比为 87.77% 的溶液的实验数据；□表示采用乙醇质量百分比为 74.51% 的溶

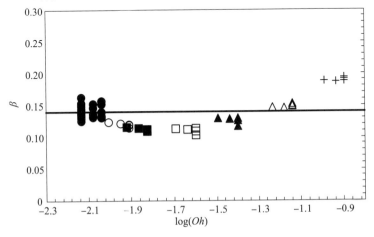

图 3-15　理论计算获得的 β 与 log(Oh) 的曲线

液的实验数据；▲表示采用乙醇质量百分比为 65.26% 的溶液的实验数据；△表示采用乙醇质量百分比为 54.97% 的溶液的实验数据；+ 表示采用乙醇质量百分比为 43.34% 的溶液的实验数据；黑实线表示 $\beta = 0.14$。

从实验结果计算出的所有 β 的平均值为 $\bar{\beta} \simeq 0.137$，这与 Riboux 和 Gordillo 的发现[12]是吻合的。由图 3 - 15 可知，根据本章实验结果计算出来的 β 表现出了与奥内佐格数存在微弱的依赖关系，该现象尚无法完全解释。可能的原因有：人为的假设液膜铺展初期的轴对称特性未被表面的运动速度打破，而实际上液膜初期的铺展必然受到表面运动速度的影响，只是影响比较小；简单地认为上游液膜前端的气体相对运动速度只是表面运动速度和液膜运动速度的代数和，而实际边界层里的流动比较复杂，气体流动速度显然受与表面 x 方向距离的影响。尽管存在这一趋势，但在本节建立的理论模型可以将本实验在一系列液滴直径、液滴撞击速度、表面运动速度和液体黏性下获得的实验结果坍缩到一条曲线上，也进一步为 R&G 模型的正确性提供了实验支持。

|3.6 小   结|

本章搭建了液滴在低环境压强下撞击运动表面的实验装置，研究了乙醇及乙醇甘油混合溶液形成的液滴撞击光滑、干燥、运动的固体表面的现象。在一系列的液滴撞击速度、表面运动速度和液体属性条件下，研究了皇冠型飞溅、微液滴飞溅、沉积现象的产生，并着重考虑了气体压强的影响。实验表明，上游强化的液滴皇冠型飞溅可以通过降低气体压强而被完全抑制，这与液滴撞击静止表面形成的现象是一致的。抑制液滴在运动表面形成飞溅所需的临界压强比抑制液滴在静止表面形成飞溅所需的临界压强要低，并是液滴直径、液滴黏性、液滴撞击速度和表面运动速度的函数。

基于 R&G 模型（其中气体升力是液滴形成飞溅的驱动力），本章定性、定量地解释了本章获得的实验结果。为了考虑表面运动速度对液滴飞溅的影响，本章通过黏性阻力项把表面运动速度添入 R&G 模型，这样的强化使得该模型可以被用于分析液滴在运动表面形成的非对称飞溅。使用该强化模型，本章成功地将在一系列实验条件下获得的临界值坍缩到了一条曲线上。

|参 考 文 献|

［1］ JOSSERAND C, THORODDSEN S T. Drop impact on a solid surface［J］. Annu. Rev. Fluid Mech. , 2016, 48: 365 – 391.

［2］ YARIN A L. Drop impact dynamics: splashing, spreading, receding, bouncing… ［J］. Annu. Rev. Fluid Mech. , 2006, 38: 159 – 192.

［3］ BIRD J C, TSAI S S H, STONE H A. Inclined to splash: triggering and inhibiting a splash with tangential velocity［J］. New J. Phys. , 2009, 11: 063017.

［4］ HAO J G, GREEN S I. Splash threshold of a droplet impacting a moving substrate［J］. Phys. Fluids, 2017, 29: 012103.

［5］ CHOU F C, ZEN T S, LEE K W. An experimental study of a water droplet impacting on a rotating wafer［J］. Atomization Spray, 2009, 19: 905 – 916.

［6］ ZEN T S, CHOU F C, MA J L. Ethanol drop impact on an inclined moving surface［J］. Int. Commun. Heat. Mass. , 2010, 37: 1025 – 1030.

［7］ ABOUD D G K, KIETZIG A M. Splashing threshold of oblique droplet impacts on surfaces of various wettability［J］. Langmuir, 2015, 31: 10100 – 10111.

［8］ ALMOHAMMADI H, AMIRFAZLI A. Understanding the drop impact on moving hydrophilic and hydrophobic surfaces［J］. Soft Matter, 2017, 13: 2040 – 2053.

［9］ XU L, ZHANG W W, NAGEL S R. Drop splashing on a dry smooth surface ［J］. Phys. Rev. Lett. , 2005, 94: 184505.

［10］ MISHRA N K, ZHANG Y, RATNER A. Effect of chamber pressure on spreading and splashing of liquid drops upon impact on a dry smooth stationary surface ［J］. Exp. Fluids, 2011, 51: 483 – 491.

［11］ ALKINDI A S, AL – WAHAIBI Y M, MUGGERIDGE A H. Physical properties (density, excess molar volume, viscosity, surface tension, and refractive index) of ethanol + glycerol［J］. J. Chem. Eng. Data, 2008, 53: 2793 – 2796.

［12］ RIBOUX G, GORDILLO J M. Experiments of drops impacting a smooth solid surface: a model of the critical impact speed for drop splahing［J］. Phys. Rev. Lett. , 2014, 113: 024507.

[13] STEVENS C S, LATKA A, NAGEL S R. Comparison of splashing in high – and low – viscosity liquids [J]. Phys. Rev. E. , 2014, 89: 063006.

[14] LATKA A, STRANDBURG – PESHKIN A, DRISCOLL M M, et al. Creation of prompt and thin – sheet splashing by varying surface roughness or increasing air pressure [J]. Phys. Rev. Lett. , 2012, 109: 054501.

[15] MOULSON J B T, GREEN S I. Effect of ambient air on liquid jet impingement on a moving substrate [J]. Phys. Fluids, 2013, 25: 102106.

[16] WORTHINGTON A M. On the forms assumed by drops of liquids falling vertically on a horizontal plate [J]. Proc. R. Soc. Lond. , 1876, 25: 261 – 272.

[17] STOW C D, HADFIELD M G. An experimental investigation of fluid flow resulting from the impact of a water drop with an unyielding dry surface [J]. Proc. R. Soc. Lond. A, 1981, 373: 419 – 441.

[18] MUNDO C, SOMMERFELD M, TROPEA C. Droplet – wall collisions: experimental studies of the deformation and breakup process [J]. Int. J. Multiphase Flow, 1995, 21: 151 – 173.

[19] PEPPER R E, COURBIN L, STONE H A. Splashing on elastic membranes: the importance of early – time dynamics [J] . Phys. Fluids, 2008, 20, 082103.

[20] BIRD J C, TSAI S S H, STONE H A. Inclined to splash: triggering and inhibiting a splash with tangential velocity [J] . New J. Phys. , 2009, 11: 063017.

[21] THORODDSEN S T, TAKEHARA K, ETOH T G. Micro – splashing by drop impacts [J]. J. Fluid Mech. , 2012, 706: 560 – 570.

[22] HOWLAND C J, ANTKOWIAK A, CASTREJóN – PITA J R, et al. It's harder to splash on soft solids [J]. Phys. Rev. Lett. , 2016, 117: 184502.

[23] XU L. Liquid drop splashing on smooth, rough, and textured surfaces [J]. Phys. Rev. E. , 2007, 75: 056316.

[24] LIU J, VU H, YOON S S, et al. Splashing phenomena during liquid droplet impact [J]. Atomization Spray, 2010, 20: 297 – 310.

[25] LIU Y, TAN P, XU L. Kelvin – Helmholtz instability in an ultrathin air film causes drop splashing on smooth surfaces [J]. Proc. Natl. Acad. Sci. U. S. A. , 2015, 112: 3280 – 3284.

[26] JIAN Z, JOSSERAND C, POPINET S, et al. Two mechanisms of droplet splashing on a solid substrate [J] . J. Fluid Mech. , 2018, 835, 1065 –

1086.

[27] MANDRE S, MANI M, BRENNER M P. Precursors to splashing of liquid droplets on a solid surface [J]. Phys. Rev. Lett. , 2009, 102: 134502.

[28] MANDRE S, BRENNER M P. The mechanism of a splash on a dry solid surface [J]. J. Fluid Mech. , 2012, 60: 148 – 172.

[29] KOLINSKI J M, RUBINSTEIN S M, MANDRE S, et al. Skating on a film of air: drops impacting on a surface [J]. Phys. Rev. Lett. , 2012, 108: 074503.

[30] DUCHEMIN L, JOSSERAND C. Rarefied gas correction for the bubble entrapment singularity in drop impacts [J]. C. R. Mec. , 2012, 340: 797 – 803.

[31] RIBOUX G, GORDILLO J M. Boundary – layer effects in droplet splashing [J]. Phys. Rev. E. , 2017, 96: 013105.

[32] BOELENS A M P, DE PABLE J J. Simulations of splashing high and low viscosity droplets [J]. Phys. Fluids, 2018, 30: 072106.

[33] Staat H J J, Tran T, Geerdink B, et al. Phase diagram for droplet impact on superheated surfaces [J]. J. Fluid Mech. , 2015, 779: R3.

[34] RIBOUX G, GORDILLO J M. The diameters and velocities of the droplets ejected after splashing [J]. J. Fluid Mech. , 2015, 772: 630 – 648.

[35] RIBOUX G, GORDILLO J M. Maximum drop radius and critical Weber number for splashing in the dynamical Leidenfrost regime [J]. J. Fluid Mech. , 2016, 803: 516 – 527.

[36] DE GOEDE T C, LAAN N, DE BRUIN K G, et al. Effect of wetting on drop splashing of Newtonian fluids and blood [J]. Langmuir, 2018, 34: 5163 – 5168.

[37] HAO J G. Effect of surface roughness on droplet splashing [J]. Phys. Fluids, 2017, 29, 122105.

第 4 章

表面粗糙度对液滴飞溅的影响

|4.1 研 究 概 况|

　　自然界和系列工程应用中广泛存在液滴撞击固体表面的现象，如雨滴撞击交通工具、喷墨打印、三维打印、喷涂和农药喷洒等，是各种应用中的关键物理现象。从1876年英国学者首次关注该现象以来[1]，其已经吸引了大量学者的注意力，至今仍是流体力学学科的研究热点[2-4]。

　　液滴撞击干燥固体表面后，沿表面横向铺展形成一个向外运动的液体薄层，液膜可以沉积在表面或从表面上反弹，或形成飞溅[2,4]，具体状态取决于一系列的物理参数。通常，液滴飞溅又可以分为微液滴飞溅和皇冠型飞溅[5]，这两种飞溅的具体定义请参考本书第1章。液滴撞击光滑干燥表面时，通常两种飞溅不同时出现，而Xu等[6]在开展高速乙醇液滴撞击轻微粗糙表面的实验研究中发现，微液滴飞溅和皇冠型飞溅在同一次实验中均出现，先是微液滴飞溅，随后出现连续的皇冠型飞溅，如图4-1所示；Latka等[7]使用黏性液滴观察到了同样的现象。为简化研究，本章将先出现微液滴飞溅再出现皇冠型飞溅的情况归类为皇冠型飞溅，或者只要有皇冠型飞溅出现就视为皇冠型飞溅。

　　液滴的飞溅取决于液滴的动能（撞击速度、撞击角度、液滴直径）、液体的物理属性（表面张力、黏性、密度）、被撞击表面的特征（表面粗糙度、运动速度、润湿性、温度、柔性）以及环境气体的物理属性（压强、密度），然

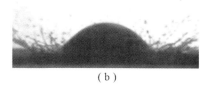

（a）　　　　　　　　　　　　　　　　　　（b）

图 4 - 1　微液滴飞溅和皇冠型飞溅先后出现的实验[6]

（a）微液滴飞溅；（b）皇冠型飞溅

而其形成机理尚存在争议。在这些影响因素中，表面粗糙度非常强烈地影响液滴的撞击结果。然而，表面粗糙度对于液滴飞溅的影响仍未得到充分理解[4]。

在自然界和一系列应用中，仅有刚揭开一层的云母表面是原子级光滑的[8]，其他表面都有一定的粗糙度。如图 4 - 2 所示，日常生活中感觉很光滑的玻璃在微观视角里仍是粗糙的。因而，很多学者开展了液滴撞击粗糙表面的研究，以期明确其影响并揭示这些影响的内在机理。

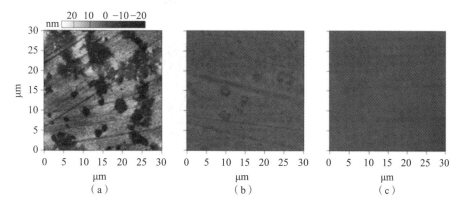

（a）　　　　　　　　　　　　（b）　　　　　　　　　　　　（c）

图 4 - 2　不同的玻璃和刚揭开一层的云母表面的 AFM 形貌图像[8]

（a）玻璃 1；（b）玻璃 2；（c）刚揭开一层的云母表面

迄今，在不同条件[5-7,9-12]下的一系列研究所达成的共识是：粗糙表面触发微液滴飞溅而抑制皇冠型飞溅。Stow 和 Hadfield[9]研究了水液滴撞击具有不同粗糙度的表面，他们的发现之一就是增加表面粗糙度的振幅将促进微液滴飞溅，这一结果随后被 Rioboo 等[5]及 Range 和 Feuillebois[11]通过实验证实。Mundo 等[10]研究了不同属性的液滴撞击光滑和粗糙的旋转圆盘，他们发现当液滴撞击一个粗糙度和液滴直径在一个数量级的粗糙表面时不会产生皇冠型飞溅。Range 和 Feuillebois[11]研究了不同液体形成的液滴撞击具有不同粗糙度的表面，他们认为实验测量获得的临界韦伯数是液滴半径和表面粗糙度比值的函数。Rioboo 等[5]给出了在干燥刚性表面上，液滴撞击的各种可能结果，并总结了多个参数对液滴撞击结果的影响趋势，他们的实验也表明，粗糙表面抑制皇冠型飞溅。Josserand 等[13]研究了水液滴撞击光滑表面上的一个微小凸起，结果表明该凸起可以触发飞溅。Xu 等[6]发现在粗糙表面上的微液滴飞溅无法通过降低环境压强而被抑制，但是在光滑表面上的皇冠型飞溅可以通过这样的参数变化而被完全抑制。基于这些发现，他们认为皇冠型飞溅是由环境气体引起的，而微液滴飞溅是由表面粗糙度引起的。Latka 等[7]认为表面粗糙度强化微液滴飞溅而抑制皇冠型飞溅，他们同时发现在轻微粗糙表面上的微液滴飞溅可以通过降低环境压强而得到抑制。Roisman 等[12]发现撞击韦伯数和表面粗糙度参数中的斜度是影响飞溅的关键参数。这些研究有共识也有冲突之处，充分说明表面粗糙度对于液滴飞溅的影响尚未被充分理解，仍需进一步开展研究。

为研究表面粗糙度对液滴飞溅的影响，非常有必要对表示表面粗糙度的参数进行充分的了解。表面粗糙度可以根据不同的定义用多种参数进行描述，相关参数的详细定义和测量方法请读者参考文献［15］，本章仅给出在液滴撞击研究中常用的三种参数。

在此前的液滴撞击研究中，学者们使用了不同的粗糙度参数，在这些参数中，轮廓算术平均偏差 R_a 是最常用的一个[5,9,11-12,14]，其定义如下：

$$R_a = \frac{1}{n} \sum_{i=1}^{n} |y_i| \qquad (4-1)$$

式中，n——测量剖面在平均线上的交点数量；

y_i——第 i 个数据点距离平均线的竖直距离[15]。

均方根粗糙度 R_{rms} 被 Latka 等[7]、Li 等[8]、Li 和 Thoroddsen[16]、Latka[17]用在他们的研究中，其定义如下：

$$R_{rms} = \sqrt{\frac{1}{n} \sum_{i=1}^{n} y_i^2} \qquad (4-2)$$

Xu 等[6]使用高质量砂纸的平均颗粒直径 D_p（在他们的文章中以 R_a 表示）来表示表面粗糙度，这和砂纸制造商用以标注使用不同颗粒大小制作的砂纸的微米级别是吻合的。

为保持研究的连续性，本章将同时给出以上三个参数。

Xu 等[6]的发现表明，在对液滴撞击粗糙表面的研究中，区分微液滴飞溅和皇冠型飞溅是有必要的，本章的实验观察再次确认了这一必要性。图 4-3 所示为液滴撞击粗糙表面形成的两种典型的飞溅形式，液滴直径 $D_0 = (3.8 \pm 0.1)$ mm，黑色比例标志表示 1 mm 长度。

（a）　　　　　　　　　　　　（b）

图 4 - 3　水液滴撞击粗糙表面形成的两种典型飞溅（书后附彩插）
（a）微液滴飞溅；（b）皇冠型飞溅

图 4 - 3（a）是一幅典型的微液滴飞溅图像，二次小液滴直接从移动接触线前端射出，图中的红色箭头指向刚从液膜前端射出的二次小液滴。具体实验条件：去离子水液滴；撞击速度 $V_0 = 2.1$ m/s，被撞击表面粗糙度 $R_a = 1.96$ μm。

图 4 - 3（b）是一幅典型的皇冠型飞溅图像，早期为微液滴飞溅而后期有连续的液膜从被撞击表面升起，图中的蓝色箭头指向脱离表面的连续液膜，图中的二次小液滴为撞击早期的微液滴飞溅所形成。具体实验条件：去离子水液滴；撞击速度 $V_0 = 5.0$ m/s；被撞击表面粗糙度 $R_a = 9.16$ μm。

在本章的研究中，粗糙表面上形成的皇冠型飞溅是通过观察飞离表面的连续液膜来识别的。但是对于液滴撞击光滑表面的情况，微液滴飞溅和皇冠型飞溅并不容易区分，因为所有皇冠型飞溅最终都将形成二次小液滴，对于微弱的皇冠型飞溅，有可能很快形成二次小液滴而被认为是微液滴飞溅。因此，为简化研究，在本章中假设在光滑表面形成微液滴飞溅的临界撞击速度等于在光滑表面形成皇冠型飞溅所需的临界撞击速度。

Stow 等[9]和 Mundo 等[10]在他们的实验结果基础上，基于惯性动力学建立了一个用于预测形成液滴飞溅的临界速度的模型，该模型现在被称为飞溅参数模型，见式（2 - 3）。

该模型以不同的形式出现在 Mundo 等[10]对他们实验结果的分析中，本书将两个模型统一表述为式（2 - 3）的形式，这也是 Joserrand 和 Thoroddsen[4]的建议。

此后，飞溅参数模型被广泛应用于各种条件下，显示了很强的适应性。实例包括：在干燥固体表面和有层液体薄膜的固体表面形成的液滴飞溅[18]；在运动表面形成的液滴飞溅[19]；在液体深池上形成的液滴飞溅[20]；在纹理表面上形成的液滴飞溅[21]；在粗糙和多孔表面上形成的液滴飞溅[12]；低黏性液滴形成的飞溅[22]；等等。

由式（2 - 3）可知，飞溅参数模型仅考虑液滴参数的影响。Rioboo 等[5]认为其是不完善的，因为它无法考虑表面属性（粗糙度、润湿性等）对于液滴飞溅的影响。Xu 等[23]发现，降低环境压强至某一临界值以下就可以完全抑制飞溅，从而进一步证明了飞溅参数模型的不完善。Xu 等[23]建立了一个飞溅预测模型，该模型认为液膜底部气体薄层的压缩性引起了液滴飞溅。Xu[24]进一步假设是液滴底部裹入气体的 Kelvin – Helmhotz 失稳引起了飞溅，基于该假设，他推出了同样的模型。此外，Liu 等[25]发现开口的 75 μm 孔隙阵列可以抑制飞溅，而封闭的相同阵列不能抑制飞溅，他们认为 Kelvin – Helmhotz 失稳可以用于解释他们的发现。Kim 等[21]也基于 Kelvin – Helmhotz 失稳解释了液滴在纹理表面上形成的飞溅。

Riboux 和 Gordillo[26]通过实验观测认为，液滴底部裹入的气泡并不影响飞溅过程，这也是 Guo 等[27]通过数值模拟获得的结论。Riboux 和 Gordillo[26]认为液滴在光滑表面上的飞溅经历了两个步骤：第 1 步，当液膜运动速度大于表面湿润面积的增加速度时，液膜只能与表面分离；第 2 步，如果液膜前端受到的空气升力足以克服表面张力使其飞起，则能形成飞溅，否则（即空气升力不够大时），离开表面的液膜会落回表面并继续沿表面周向铺展。基于前述概念和空气动力学方法，Riboux 和 Gordillo[26]建立了一个模型，用于计算液滴撞击干燥光滑表面形成飞溅所需的临界速度。在他们的模型中，空气升力是液膜底部气体引起的润滑力和液膜上部气体吸力之和。为了考虑非连续气体的影响，Duchemin 和 Josserand[28]、Mandre 和 Brenner[29]在各自的理论模型中已经考虑了润滑力的影响。Riboux 和 Gordillo[26]建立的模型和他们自己的实验结果吻合良好，同时也能和其他学者获得的结果相吻合[10,22,23,30]。随后，该模型被应用于不同的条件下，显示了其强大的适应性。实例包括：液滴在光滑表面飞溅后形成的二次液滴的大小和速度[31]；液滴撞击被加热至 Leidenfrost 温度左右的表面后形成飞溅的临界速度[32]；液滴撞击被加热至 Leidenfrost 温度以上的表面形成飞溅产生的二次小液滴的大小和速度[33]；液滴撞击运动表面形成的飞溅[34]；等等。Riboux 和 Gordillo[35]通过考虑边界层的影响而强化他们的模型。

基于前述分析，表面粗糙度对于液滴飞溅的影响尚存争议，对于液滴飞溅的机理研究还集中于光滑表面上的飞溅现象，尚未涉及表面属性的影响。因此，本章对表面粗糙度对于液滴飞溅的影响开展了系统的实验研究，在采用去离子水开展研究时，发现了表面粗糙度对于皇冠型飞溅的非单调影响。通过实验测量，确定了不同直径和表面张力撞击具有不同粗糙度表面形成飞溅的临界速度。轻微粗糙表面触发水液滴皇冠型飞溅作为本章的新发现，其形成机理通过研究液滴在具有不同粗糙度表面的铺展规律而获得解释。

|4.2　实验设置|

本章实验设置如图4-4所示。

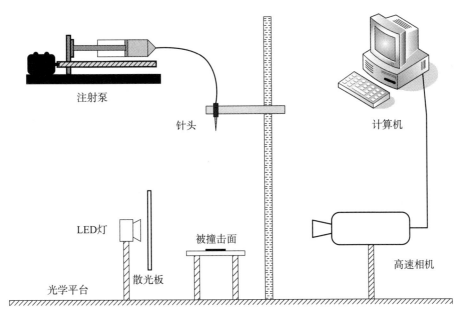

图 4-4　实验设置示意图

　　为保证实验系统在实验过程中保持水平，整套系统被放置于一个光学平台上。实验液体被一台注射泵以很慢的速度（0.1 mL/min）通过管路推进到一个平头不锈钢针头，液体在针头外形成一个逐渐扩大的液滴，当液滴自身所受重力足以克服表面张力时，液滴与针头分离，在重力驱动下向下运动，可以通过改变针头与被撞击表面的距离来调节液滴撞击速度 V_0。通过这种方法，可以设定的液滴撞击速度范围为 1~5.1 m/s。使用不同内径的针头可以产生不同直径的液滴，本章实验使用了三种内径的针头，其产生的液滴直径 D_0 分别为（2.3±0.1）mm、（3.2±0.1）mm、（3.8±0.1）mm。本章所使用的液滴直径 D_0 和撞击速度 V_0 数据均通过对高速图像进行处理而获得。受液滴分离时刻的形状扰动、空气阻力、液滴直径等影响，液滴在降落过程中的形状通常不断变化，而液滴形状的变化会显著影响液滴撞击结果[36]。

为保证实验结果尽量少受液滴形状的影响，本章中每次实验中的液滴形状均接近球形，液滴的视觉纵横比在 0.95 ~ 1.05 的范围，满足形状不影响撞击结果的纵横比范围（1 ± 0.05[36]）。为了研究表面张力对液滴撞击的影响，本章实验采用了乙醇（以"Ethanol"表述）、去离子水（以"Water"表述）、质量百分比为 16.6% 的乙醇和去离子水溶液（以"Alcohol 16.6%"表述），这样获得的溶液具有不同的表面张力系数且黏性系数很接近，相关物理参数从文献［37］获取，如表 4-1 所示。对于不同内径的针头，使用不同表面张力液体时，其产生的液滴直径也是不一样的。为了简化研究，课题组在考虑不同表面张力液滴撞击时，使用了不同内径的针头，从而可以在使用不同表面张力的液体时形成相同直径的液滴。

表 4-1   三种溶液在环境温度为 21℃和环境压强为 101 kPa 条件下的物理属性

溶液	密度 $\rho/(\mathrm{kg \cdot m^{-3}})$	动力黏性系数 $\mu/(\mathrm{mPa \cdot s})$	表面张力系数 $\gamma/(\mathrm{mN \cdot m^{-1}})$
Water	998.7	1.00	72.9
Alcohol 16.6%	973.7	1.81	43.7
Ethanol	791.0	1.19	22.9

本章实验中使用的粗糙表面为 3M 公司生产的两种型号的高质量砂纸：一种型号为"Lapping Film 261X"，使用平均颗粒直径 D_p 分别为 1 μm（以"SP-1"表述）、3 μm（以"SP-2"表述）的两种砂纸；另一种型号为"Microfinishing Film 268L"，使用了平均颗粒直径 D_p 分别为 9 μm（以"SP-3"表述）、20 μm（以"SP-4"表述）、40 μm（以"SP-5"表述）、60 μm（以"SP-6"表述）的 4 种砂纸。这些砂纸的背衬材料都是聚酯薄膜，所使用的颗粒类型均为氧化铝。本章实验中使用的光滑表面为亚克力表面（以"Acrylic"表述）。为了验证粗糙度形式对液滴撞击结果的影响，本章实验准备了使用两种不同平均颗粒直径的砂纸打磨后的亚克力板（以"RA-1"和"RA-2"表述），并使用一台 Mitutoyo 粗糙度测试仪（型号为 Surftest-210）来测试这些表面的粗糙度参数 R_a 和 R_{rms}，这些参数被至少测试 3 次并取平均值，如表 4-2 所示。从表中可知，在本章的研究范围内，R_a 和 R_{rms} 保持同样的变化趋势，因此在本章后续的研究中统一采用最常使用的 R_a 来分析实验结果。

表 4 - 2　被撞击表面的表面粗糙度参数　　　　　　　　　　μm

表面参数	Acrylic	SP - 1	SP - 2	SP - 3	SP - 4	SP - 5	SP - 6	RA - 1	RA - 2
R_a	0.011	0.38	1.96	2.14	4.36	6.14	9.16	0.37	1.83
R_{rms}	0.017	0.47	2.40	2.67	5.51	7.91	11.93	0.48	2.31
D_p	—	1	3	9	20	40	60	—	—

如图 4 - 5 所示为部分被撞击表面的电镜扫描图像，图中的黑色比例标志表示 10 μm 长度。为保证实验结果的可靠性，在每次实验前，均使用乙醇清洁被撞击表面，使用气吹将乙醇吹干净，并静置干燥。

（a）　　　　　　　　　（b）　　　　　　　　　（c）

图 4 - 5　部分被撞击表面的电镜扫描图像

（a）Acrylic，光滑表面；（b）SP - 1，各向同性表面；（c）RA - 1，各向异性表面

此外，改变表面粗糙度可以显著地改变表面润湿性[38,39]，而表面润湿性对液滴飞溅的影响尚未形成共识[40-42]。为了去除因表面润湿性的不同而可能对液滴飞溅产生的影响[4]，本章实验所使用的表面均为亲水表面。本章使用开源代码 ImageJ 对 6.3 μL 水液滴在这些表面上的静态图像进行处理，获得静态接触角 θ_{eq}，至少测试三次并取平均值，如表 4 - 3 所示。从表 4 - 3 中可知，这些表面上水液滴的静态接触角在 68° ±5° 范围内。乙醇在这些表面上的静态接触角非常小（接近 0°），因此没有列在表中。

表 4 - 3　6.3 μL 水液滴在不同表面上的静态接触角　　　　　（°）

表面参数	Acrylic	SP - 1	SP - 2	SP - 3	SP - 4	SP - 5	SP - 6	RA - 1	RA - 2
θ_{eq}	65	65	63	72	69	72	73	68	72

液滴撞击过程由一台 Photron 高速相机（型号为 SA1.1）搭配微距镜头以 4×10^4 帧/s 的速度拍摄，本章实验中使用的典型空间分辨率范围为 20 ～ 50 μm/pixel。在被撞击表面后放置一台高亮度 LED 灯和一块散光板，以获取高清的液滴撞击过程的背光图像。

|4.3 实 验 现 象|

液滴撞击粗糙表面的现象非常复杂，为对本章的研究结果建立直观印象，本节将给出定性的实验现象。

4.3.1 表面粗糙度对高速水液滴撞击结果的影响

图 4-6 所示为直径 $D_0 = (3.2 \pm 0.1)$ mm 的水液滴以撞击速度 $V_0 = 4.1$ m/s（对应的韦伯数 $We = 737$）撞击不同粗糙度表面后，液滴随时间变化的高速图像。图中的黑色比例标志表示 1 mm 长度；每行表示一个不同的表面粗糙度 R_a；每列表示一个不同的液滴撞击时刻 T，T 定义为液滴撞击表面后的时间。

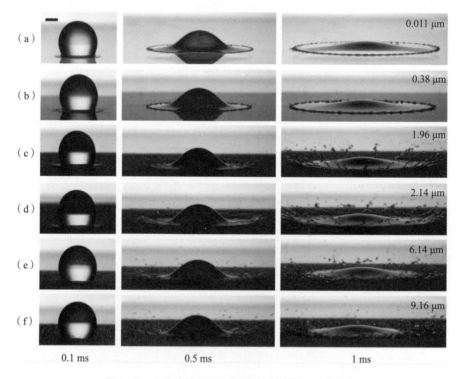

图 4-6 水液滴撞击不同粗糙度表面后随时间的演化

（a）$R_a = 0.011$ μm；（b）$R_a = 0.38$ μm；（c）$R_a = 1.96$ μm；

（d）$R_a = 2.14$ μm；（e）$R_a = 6.14$ μm；（f）$R_a = 9.16$ μm

图 4 – 6（a）对应的表面粗糙度 $R_a = 0.011$ μm，液滴撞击后没有出现飞溅；图 4 – 6（b）对应的表面粗糙度 $R_a = 0.38$ μm，液滴撞击后在早期形成微液滴飞溅（$T = 0.1$ ms），此后液滴在该表面上铺展（$T = 0.5$ ms 和 $T = 1$ ms）；图 4 – 6（c）对应的表面粗糙度 $R_a = 1.96$ μm，液滴撞击以后形成皇冠型飞溅（$T = 0.5$ ms 时刻飞离表面的液膜清晰可见）；图 4 – 6（d）对应的表面粗糙度 $R_a = 2.14$ μm，液滴撞击以后形成皇冠型飞溅（请观察 $T = 0.5$ ms 时刻图像）；图 4 – 6（e）对应的表面粗糙度 $R_a = 6.14$ μm，液滴撞击以后形成相对图 4 – 6（c）（d）较弱的皇冠型飞溅（从 $T = 0.5$ ms 时刻图像可看到飞离表面的液膜）；图 4 – 6（f）对应的表面粗糙度 $R_a = 9.16$ μm，液滴撞击以后没有出现飞离表面的液膜，直接形成二次小液滴，低粗糙度下的皇冠型飞溅被抑制为微液滴飞溅。

对于高速水液滴的撞击，图 4 – 6 清楚地展示了随表面粗糙度增加而产生的对皇冠型飞溅的非单调影响。随着表面粗糙度的增加，液滴撞击后从铺展（图 4 – 6（a））转变为微液滴飞溅（图 4 – 6（b）），然后到皇冠型飞溅（图 4 – 6（c）~（e）），最后再次转变为微液滴飞溅（图 4 – 6（f））。与前人研究[5-7,9-12]一致，粗糙表面可以触发微液滴飞溅并抑制皇冠型飞溅，然而轻微粗糙表面可以触发皇冠型飞溅这一现象尚无文献提及。此外，图 4 – 6（c）（d）表明，当被撞击表面具有接近的表面粗糙度时，可出现相似的皇冠型飞溅。

4.3.2　撞击速度对水液滴撞击结果的影响

4.3.1 节的结果清楚地表明，轻微粗糙表面可以触发皇冠型飞溅，本节将给出水液滴以不同速度撞击不同粗糙度表面的结果，如图 4 – 7 所示。

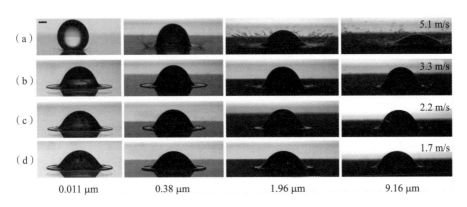

图 4 – 7　撞击速度和表面粗糙度对水液滴撞击结果的影响
（a）$V_0 = 5.1$ m/s；（b）$V_0 = 3.3$ m/s；（c）$V_0 = 2.2$ m/s；（d）$V_0 = 1.7$ m/s

1. 特征时刻结果

如图 4-7 所示中的液滴均为去离子水，直径均为 $D_0 = (3.8 \pm 0.1)$ mm；黑色比例标志表示 1 mm 长度；每行表示一个不同的撞击速度 V_0，每列表示一个不同的表面粗糙度 R_a。

如图 4-7（a）所示，液滴撞击速度 $V_0 = 5.1$ m/s，对应的韦伯数 $We = 1354$；第 1 列对应的表面粗糙度 R_a 为 0.011 μm，图像对应时刻 $T = 0.05$ ms，发生皇冠型飞溅；第 2 列对应的表面粗糙度 $R_a = 0.38$ μm，图像对应时刻 $T = 0.2$ ms，发生皇冠型飞溅；第 3 列对应的表面粗糙度 $R_a = 1.96$ μm，图像对应时刻 $T = 0.4$ ms，发生皇冠型飞溅；第 4 列对应的表面粗糙度 $R_a = 9.16$ μm，图像对应时刻 $T = 0.5$ ms，发生皇冠型飞溅。

如图 4-7（b）所示，液滴撞击速度 $V_0 = 3.3$ m/s，对应的韦伯数 $We = 572$，图像对应时刻均为 $T = 0.5$ ms；第 1 列对应的表面粗糙度 $R_a = 0.011$ μm，未出现飞溅；第 2 列对应的表面粗糙度 $R_a = 0.38$ μm，发生微液滴飞溅；第 3 列对应的表面粗糙度 $R_a = 1.96$ μm，发生皇冠型飞溅；第 4 列对应的表面粗糙度 $R_a = 9.16$ μm，发生微液滴飞溅。

如图 4-7（c）所示，液滴撞击速度 $V_0 = 2.2$ m/s，对应的韦伯数 $We = 254$，图像对应时刻均为 $T = 0.7$ ms；第 1 列对应的表面粗糙度 $R_a = 0.011$ μm，未出现飞溅；第 2 列对应的表面粗糙度 $R_a = 0.38$ μm，未出现飞溅；第 3 列对应的表面粗糙度 $R_a = 1.96$ μm，发生微液滴飞溅；第 4 列对应的表面粗糙度 $R_a = 9.16$ μm，发生微液滴飞溅。

如图 4-7（d）所示，液滴撞击速度 $V_0 = 1.7$ m/s，对应的韦伯数 $We = 150$，图像对应时刻均为 $T = 1.0$ ms；在前 3 列中，液滴撞击粗糙度 R_a 分别为 0.011 μm、0.38 μm、1.96 μm 的三个表面后均周向铺展，未出现飞溅；在第 4 列，表面粗糙度 R_a 增加到 9.16 μm，发生微液滴飞溅。

由图 4-7（a）可知，液滴的皇冠型飞溅可以通过轻微增加表面粗糙度来获得极大的强化，当表面粗糙度 R_a 从 0.011 μm（图 4-7（a）第 1 列）增加到 1.96 μm（图 4-7（a）第 3 列），液滴撞击后产生的皇冠型飞溅从仅可观察到（图 4-7（a）第 1 列）到形成显著的液膜飞离表面的现象（图 4-7（a）第 3 列）；继续增加表面粗糙度到 9.16 μm（图 4-7（a）第 4 列），液滴撞击早期出现的微液滴飞溅被强化，而后期出现的皇冠型飞溅被相对弱化。有意思的是，即使在 $R_a = 9.16$ μm 的高度粗糙表面上，当撞击韦伯数足够高时，也能出现皇冠型飞溅，这也是前人研究中未曾报道的现象。

由图 4-7（b）可知，轻微的表面粗糙度增加可以导致液滴从沉积到皇冠型飞溅的现象被进一步确认。当 R_a 从 0.011 μm 增加到 1.96 μm，液滴撞击后从沉积转变为皇冠型飞溅；当 R_a 进一步从 1.96 μm 增加到 9.16 μm，从表面飞离的连续液膜消失，皇冠型飞溅转变为微液滴飞溅，这与前人的研究结果一致。图 4 - 7 （b） 第 1 列 （R_a = 0.011 μm） 到第 2 列 （R_a = 0.38 μm）、图 4 - 7 （c） 第 2 列 （R_a = 0.38 μm） 到第 3 列 （R_a = 1.96 μm）、图 4 - 7 （d） 第 3 列 （R_a = 1.96 μm） 到第 4 列 （R_a = 9.16 μm），这三处均展示了增加表面粗糙度可以触发微液滴飞溅，这也与前人的研究结果一致。

图 4 - 7 还表明，增加液滴撞击速度可以强化液滴的飞溅，且右侧一列同时展示了微液滴飞溅可以通过增加撞击速度而转化为皇冠型飞溅。此外，图 4 - 7 （d） 的左侧 3 列所示为液滴在不同粗糙表面上铺展的高速图像，从左向右观察可知，随着表面粗糙度的增加，液滴铺展直径显著减小。

基于上述结果可知，存在一个临界撞击速度 V_{T1}，当撞击速度 V_0 小于 V_{T1} 时，液滴撞击表面后仅向周向铺展，形成沉积；还存在一个临界撞击速度 V_{T2}，当撞击速度 V_0 大于 V_{T2} 时，液滴撞击表面后形成皇冠型飞溅。显然，当撞击速度 V_0 大于 V_{T1} 而小于 V_{T2} 时，液滴撞击表面后形成微液滴飞溅。

2. 撞击表面后液滴随时间的演化

为进一步了解液滴撞击后形成飞溅或沉积的时间历程，在此给出直径 D_0 = （3.8 ± 0.1） mm 的水液滴以不同的速度撞击具有不同粗糙度的干燥表面后不同时刻 T 的高速图像。

1） V_0 = 5.1 m/s

图 4 - 8 所示为水液滴以 5.1 m/s 速度 （对应的韦伯数 We = 1 354） 撞击不同粗糙表面后的瞬态演化。图中，黑色比例标志表示 1 mm 长度；每行表示一个不同的表面粗糙度 R_a；每列表示一个不同的液滴撞击时刻 T。

图 4 - 8 （a） 对应的表面粗糙度 R_a = 0.011 μm，液滴撞击后形成皇冠型飞溅，但是仅在撞击的早期 （T = 0.05 ms） 出现，T = 0.2 ms 以后，二次小液滴飞出观测范围。图 4 - 8 （b） 对应的表面粗糙度 R_a = 0.38 μm，液滴撞击以后形成皇冠型飞溅 （T = 0.05 ms 和 T = 0.2 ms），此后液膜断裂形成二次小液滴 （T = 0.5 ms 和 T = 1 ms）。图 4 - 8 （c） 对应的表面粗糙度 R_a = 1.96 μm，液滴撞击以后形成皇冠型飞溅 （T = 0.2 ms 和 T = 0.5 ms 时刻飞离表面的液膜清晰可见）。图 4 - 8 （d） 对应的表面粗糙度 R_a = 9.16 μm，在早期形成微液滴飞溅 （T = 0.2 ms），此后可观测到飞离表面的连续液膜，即形成了皇冠型飞溅 （T = 0.5 ms 和 T = 1 ms 时刻）。

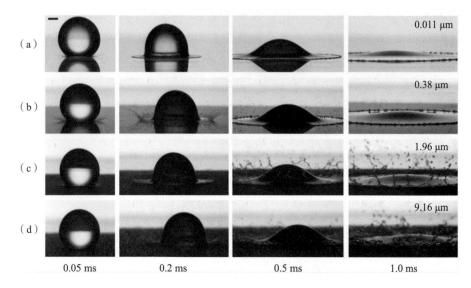

图 4 - 8 水液滴以 5.1 m/s 速度撞击不同粗糙表面的时序图像

（a）$R_a = 0.011$ μm；（b）$R_a = 0.38$ μm；（c）$R_a = 1.96$ μm；（d）$R_a = 9.16$ μm

2）$V_0 = 3.3$ m/s

图 4 - 9 所示为以 3.3 m/s 速度（对应的韦伯数 $We = 572$）撞击不同粗糙表面后水液滴的瞬态演化。图中，黑色比例标志表示 1 mm 长度；每行表示一个不同的表面粗糙度 R_a；每列表示一个不同的液滴撞击时刻 T。

图 4 - 9 水液滴以 3.3 m/s 速度撞击不同粗糙表面的时序图像

（a）$R_a = 0.011$ μm；（b）$R_a = 0.38$ μm；（c）$R_a = 1.96$ μm；（d）$R_a = 9.16$ μm

图 4 – 9（a）对应的表面粗糙度 $R_a = 0.011~\mu m$，液滴撞击后形成沉积，未发生飞溅。图 4 – 9（b）对应的表面粗糙度 $R_a = 0.38~\mu m$，液滴撞击后形成微液滴飞溅（$T = 0.05~ms$ 和 $T = 0.25~ms$），随后二次小液滴飞离视场（$T = 1.2~ms$）。图 4 – 9（c）对应的表面粗糙度 $R_a = 1.96~\mu m$，液滴撞击以后形成皇冠型飞溅（$T = 0.25~ms$ 和 $T = 0.6~ms$ 时刻飞离表面的液膜可见），在 $T = 1.2~ms$ 时刻液膜破碎形成二次小液滴。图 4 – 9（d）对应的表面粗糙度 $R_a = 9.16~\mu m$，可以看到在整个撞击过程中，二次小液滴不断从气、液、固三相接触线处射出，在 $T = 1.2~ms$ 时刻仍有小液滴飞出，形成了持续的微液滴飞溅。

3）$V_0 = 2.2~m/s$

图 4 – 10 所示为以 2.2 m/s 速度（对应的韦伯数 $We = 254$）撞击不同粗糙表面后水液滴的瞬态演化。图中，黑色比例标志表示 1 mm 长度；每行表示一个不同的表面粗糙度 R_a；每列表示一个不同的液滴撞击时刻 T。

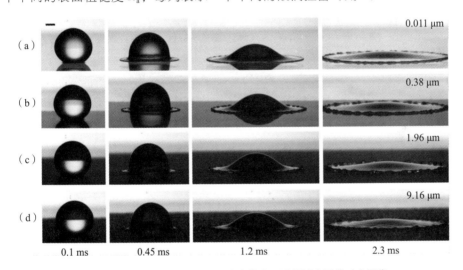

图 4 – 10　水液滴以 2.2 m/s 速度撞击不同粗糙表面的时序图像
（a）$R_a = 0.011~\mu m$；（b）$R_a = 0.38~\mu m$；（c）$R_a = 1.96~\mu m$；（d）$R_a = 9.16~\mu m$

图 4 – 10（a）对应的表面粗糙度 $R_a = 0.011~\mu m$，图 4 – 10（b）对应的表面粗糙度 $R_a = 0.38~\mu m$，液滴撞击后均形成沉积，未发生飞溅。图 4 – 10（c）对应的表面粗糙度 $R_a = 1.96~\mu m$，液滴撞击以后仅在早期（$T = 0.45~ms$）形成微液滴飞溅，二次小液滴贴表面向外飞出，此后液膜一直沿表面铺展。图 4 – 10（d）对应的表面粗糙度 $R_a = 9.16~\mu m$，仅在撞击的早期（$T = 0.45~ms$）形成微液滴飞溅，可以看到受表面结构的影响，二次小液滴飞离的角度相对 R_a 为 1.96 μm 时普遍要大，在 $T = 1.2~ms$ 时刻仍可看到大液滴上方有二次小液滴

飞行。

4）$V_0 = 1.7$ m/s

图 4－11 所示为以 1.7 m/s 速度（对应的韦伯数 $We = 150$）撞击不同粗糙表面后水液滴的瞬态演化。图中，黑色比例标志表示 1 mm 长度；每行表示一个不同的表面粗糙度 R_a；每列表示一个不同的液滴撞击时刻 T。

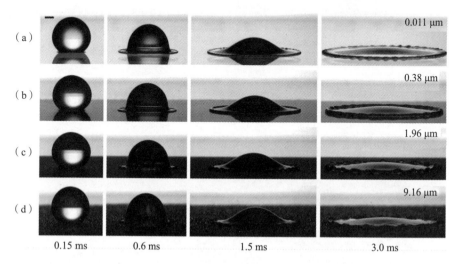

图 4－11　水液滴以 1.7 m/s 速度撞击不同粗糙表面的时序图像

（a）$R_a = 0.011$ μm；（b）$R_a = 0.38$ μm；（c）$R_a = 1.96$ μm；（d）$R_a = 9.16$ μm

图 4－11（a）~（c）分别对应的表面粗糙度 R_a 为 0.011 μm、0.38 μm、1.96 μm，液滴撞击后均形成沉积，未发生飞溅，从各时刻的图像中均可以看出，液滴铺展直径随粗糙度的增加而减小，液膜边沿随粗糙度的增加而变厚。图 4－11（d）对应的表面粗糙度 $R_a = 9.16$ μm，仅在撞击的早期（$T = 0.6$ ms）形成微液滴飞溅，二次小液滴飞离的角度同样受到了表面微观结构的影响而较大。

4.3.3　表面张力系数对液滴撞击结果的影响

4.3.2 节给出了不同撞击速度 V_0 对水液滴撞击具有不同粗糙度表面的影响。结果清楚地表明，在不同粗糙表面存在两个临界速度 V_{T1} 和 V_{T2}，分别对应于产生微液滴飞溅和皇冠型飞溅所需的临界速度，表面粗糙度对 V_{T2} 的影响是非单调的。

1. 特征时刻结果

不同表面张力系数 γ 的液滴撞击不同粗糙表面的实验结果如图 4－12 所

示，此为出现特征现象时刻的高速图像。

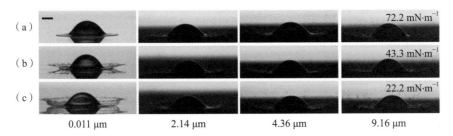

$$（a）$$ 　　　　　　　　　　　　　　　　　72.2 mN·m^{-1}

$$（b）$$ 　　　　　　　　　　　　　　　　　43.3 mN·m^{-1}

$$（c）$$ 　　　　　　　　　　　　　　　　　22.2 mN·m^{-1}

0.011 μm　　　　2.14 μm　　　　4.36 μm　　　　9.16 μm

图 4 – 12　表面张力系数和表面粗糙度对液滴撞击结果的影响

（a）$\gamma = 72.2$ mN·m^{-1}；（b）$\gamma = 43.3$ mN·m^{-1}；（c）$\gamma = 22.2$ mN·m^{-1}

图 4 – 12 中，液滴撞击速度均为 $V_0 = 4.1$ m/s，液滴直径均为 $D_0 = (2.3 \pm 0.1)$ mm；黑色比例标志表示 1 mm 长度；每行表示一个不同的液滴表面张力系数 γ；每列表示一个不同的表面粗糙度 R_a；所有图像均取自 $T = 0.3$ ms 时刻。

图 4 – 12（a）的液滴材质为表 4 – 1 中的"Water"，其表面张力系数 $\gamma = 72.2$ mN·m^{-1}，对应的韦伯数 $We = 530$；第 1 列对应的表面粗糙度 $R_a = 0.011$ μm，未发生飞溅，液滴撞击后仅在表面铺展；第 2 列对应的表面粗糙度 $R_a = 2.14$ μm，发生皇冠型飞溅；第 3 列对应的表面粗糙度 $R_a = 4.36$ μm，发生微液滴飞溅；第 4 列对应的表面粗糙度 $R_a = 9.16$ μm，发生微液滴飞溅。图 4 – 12（b）的液滴材质为表 4 – 1 中的"Alcohol 16.6%"，其表面张力系数 $\gamma = 43.3$ mN·m^{-1}，对应的韦伯数 $We = 861$；第 1 列对应的表面粗糙度 $R_a = 0.011$ μm，出现皇冠型飞溅；第 2 列对应的表面粗糙度 $R_a = 2.14$ μm，发生皇冠型飞溅；第 3 列对应的表面粗糙度 $R_a = 4.36$ μm，发生皇冠型飞溅；第 4 列对应的表面粗糙度 $R_a = 9.16$ μm，发生微液滴飞溅。图 4 – 12（c）的液滴材质为表 4 – 1 中的"Ethanol"，其表面张力系数 $\gamma = 22.2$ mN·m^{-1}，对应的韦伯数 $We = 1\,335$；第 1 列对应的表面粗糙度 $R_a = 0.011$ μm，出现皇冠型飞溅；第 2 列对应的表面粗糙度 $R_a = 2.14$ μm，发生皇冠型飞溅；第 3 列对应的表面粗糙度 $R_a = 4.36$ μm，发生皇冠型飞溅；第 4 列对应的表面粗糙度 $R_a = 9.16$ μm，发生微液滴飞溅。

由图 4 – 12 第 1 列可知，在光滑表面上，表面张力系数越小，液滴就越容易发生飞溅，飞溅发生后飞离表面的液体越多，这与 Rioboo 等[5] 的观察是一致的。对于轻微粗糙表面，如图 4 – 12 中的 $R_a = 2.14$ μm，触发高表面张力液滴（$\gamma = 72.2$ mN·m^{-1}）的皇冠型飞溅，同时抑制低表面张力液滴（$\gamma = 43.3$ mN·m^{-1} 和 $\gamma = 22.2$ mN·m^{-1}）撞击产生的皇冠型飞溅。进一步增加表面粗糙度到 4.36 μm 和 9.16 μm，粗糙表面可将所有液滴撞击形成的皇冠型飞溅抑制为微液滴飞溅，这与前人的结论[5-7,9-12]也是一致的。

2. 撞击表面后液滴随时间的演化

图 4-12 所示为液滴撞击后形成的特征现象，为进一步理解特征现象的形成过程，接下来将给出液滴在同样条件下撞击表面后的瞬态演化。

1）水液滴

图 4-13 所示为以 4.1 m/s 速度（对应的韦伯数 $We = 530$）撞击不同粗糙表面后水液滴的瞬态演化。图中，黑色比例标志表示 1 mm 长度；每行表示一个不同的表面粗糙度 R_a；每列表示一个不同的液滴撞击时刻 T。

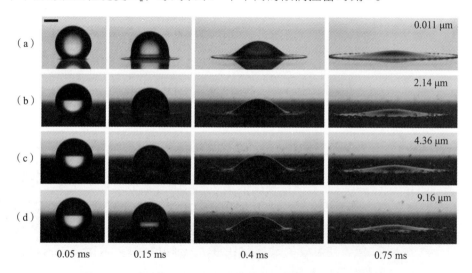

图 4-13　水液滴以 4.1 m/s 速度撞击不同粗糙表面的时序图像

（a）$R_a = 0.011$ μm；（b）$R_a = 2.14$ μm；（c）$R_a = 4.36$ μm；（d）$R_a = 9.16$ μm

图 4-13（a）对应的表面粗糙度 $R_a = 0.011$ μm，液滴撞击后沿周向铺展，在整个撞击过程中未出现飞溅。图 4-13（b）对应的表面粗糙度 $R_a = 2.14$ μm，液滴撞击以后形成皇冠型飞溅（$T = 0.15$ ms 和 $T = 0.4$ ms 时刻），此后液膜断裂形成二次小液滴（$T = 0.75$ ms 时刻）。图 4-13（c）对应的表面粗糙度 $R_a = 4.36$ μm，液滴撞击以后形成微液滴飞溅，在 0.15 ms 时刻及之后的两个时刻都可以观察到二次小液滴从移动接触线向外射出。图 4-13（d）对应的表面粗糙度 $R_a = 9.16$ μm，形成微液滴飞溅，与 $R_a = 4.36$ μm 条件下的结果接近，且同样可观察到，二次小液滴形成后，其飞行轨迹受表面微结构的影响显著。

2）Alcohol 16.6% 液滴

图 4 - 14 所示为 Alcohol 16.6% 液滴以 4.1 m/s 速度（对应的韦伯数 We = 861）撞击不同粗糙表面后的瞬态演化。图中，黑色比例标志表示 1 mm 长度；每行表示一个不同的表面粗糙度 R_a；每列表示一个不同的液滴撞击时刻 T。

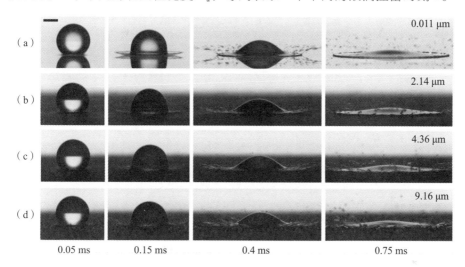

图 4 - 14　Alcohol 16.6% 液滴以 4.1 m/s 速度撞击不同粗糙表面的时序图像
（a）R_a = 0.011 μm；（b）R_a = 2.14 μm；（c）R_a = 4.36 μm；（d）R_a = 9.16 μm

图 4 - 14（a）对应的表面粗糙度 R_a = 0.011 μm，液滴撞击后形成皇冠型飞溅，在 T = 0.05 ms 时刻，撞击后形成的液膜从表面上飞起，在 T = 0.15 ms 时刻飞离表面的液膜更明显，该液膜在 T = 0.4 ms 时刻破碎，形成向外飞行的二次小液滴；此后，不再有与表面分离的液膜（T = 0.75 ms 时刻）。图 4 - 14（b）对应的表面粗糙度 R_a = 2.14 μm，液滴撞击以后形成皇冠型飞溅（T = 0.15 ms 和 T = 0.4 ms 时刻）；此后，液膜断裂，形成二次小液滴（T = 0.75 ms 时刻）。图 4 - 14（c）对应的表面粗糙度 R_a = 4.36 μm，液滴撞击后在早期（T = 0.15 ms 时刻）形成微液滴飞溅，在 T = 0.4 ms 时刻可以看到飞离表面的连续液膜，表明形成了皇冠型飞溅；此后在 T = 0.75 ms 时刻液膜断裂，形成二次小液滴。图 4 - 14（d）对应的表面粗糙度 R_a = 9.16 μm，在整个撞击过程中未观察到连续的液膜离开表面，但是持续有破碎的二次小液滴从接触线处分离，形成微液滴飞溅，二次小液滴形成后，其飞行轨迹同样受表面微结构的影响显著。

3）乙醇液滴

图 4 - 15 所示为乙醇液滴以 4.1 m/s 速度（对应的韦伯数 We = 1 335）撞

击不同粗糙表面后的瞬态演化。图中，黑色比例标志表示 1 mm 长度；每行表示一个不同的表面粗糙度 R_a；每列表示一个不同的液滴撞击时刻 T。

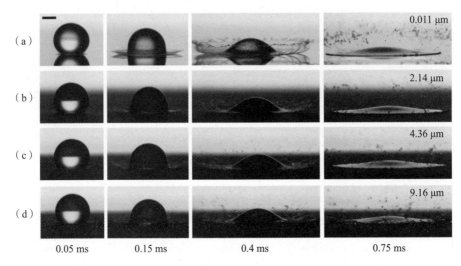

图 4 - 15 乙醇液滴以 4.1 m/s 速度撞击不同粗糙表面的时序图像

（a） $R_a = 0.011$ μm；（b） $R_a = 2.14$ μm；（c） $R_a = 4.36$ μm；（d） $R_a = 9.16$ μm

图 4 - 15 （a）对应的表面粗糙度 $R_a = 0.011$ μm，液滴撞击后形成皇冠型飞溅；在 $T = 0.05$ ms 时刻，撞击后形成的液膜即从表面上飞起；此后，在 $T = 0.15$ ms 和 $T = 0.4$ ms 时刻，飞离表面的液膜逐渐增加，并形成接近皇冠的形状；该液膜在 $T = 0.75$ ms 时刻破碎，形成二次小液滴，余下的液膜继续沿被撞击表面铺展（$T = 0.75$ ms 时刻）。图 4 - 15 （b）对应的表面粗糙度 $R_a = 2.14$ μm，液滴撞击以后形成皇冠型飞溅（$T = 0.15$ ms 和 $T = 0.4$ ms 时刻）；此后，液膜断裂形成二次小液滴（$T = 0.75$ ms 时刻），与 $R_a = 0.011$ μm 时不同，在 $T = 0.15$ ms 和 $T = 0.4$ ms 时刻，既可以观察到飞离表面的连续液膜，也可观察到二次小液滴在空中飞行。图 4 - 15 （c）对应的表面粗糙度 $R_a = 4.36$ μm，液滴撞击以后在早期（$T = 0.15$ ms 时刻）形成微液滴飞溅，在 $T = 0.4$ ms 时刻可以看到飞离表面的连续液膜，表明形成了皇冠型飞溅；此后在 $T = 0.75$ ms 时刻液膜断裂，形成二次小液滴。图 4 - 15 （d）对应的表面粗糙度 $R_a = 9.16$ μm，在整个撞击过程中未观察到连续的液膜离开表面，但是持续有破碎的二次小液滴从接触线处分离，形成微液滴飞溅；二次小液滴形成后，其飞行轨迹同样受表面微结构的影响显著，且形成的二次小液滴直径明显大于撞击光滑表面（$R_a = 0.011$ μm）飞溅形成的二次小液滴直径。

4.3.4　撞击速度对乙醇液滴撞击结果的影响

4.3.3 节给出了不同表面张力系数 γ 对液滴撞击不同粗糙表面的影响，结果表明，表面粗糙度对 V_{T2} 的非单调影响仅存在于高表面张力系数液滴撞击，对于低表面张力系数液滴的撞击，粗糙表面抑制皇冠型飞溅，即 V_{T2} 随粗糙度增加单调增加。4.3.2 节详细分析了撞击速度对高表面张力系数液滴（水液滴）撞击结果的影响，本节分析撞击速度对低表面张力系数液滴（乙醇液滴）的影响。

1. 特征时刻结果

不同撞击速度对低表面张力系数液滴（乙醇液滴）撞击不同粗糙表面的实验结果如图 4-16 所示，此为出现特征现象时刻的高速图像。

图 4-16　撞击速度和表面粗糙度对乙醇液滴撞击结果的影响
（a）$V_0 = 3.3$ m/s；（b）$V_0 = 2.2$ m/s；（c）$V_0 = 1.7$ m/s

图 4-16 中，液滴材质均为乙醇，直径均为 $D_0 = (2.3 \pm 0.1)$ mm；黑色比例标志表示 1 mm 长度；每行表示一个不同撞击速度 V_0；每列表示一个不同的表面粗糙度 R_a。

图 4-16（a）中，液滴撞击速度 $V_0 = 3.3$ m/s，对应的韦伯数 $We = 891$，图像对应时刻 $T = 0.3$ ms；第 1 列对应的表面粗糙度 $R_a = 0.011$ μm，形成皇冠型飞溅；第 2 列对应的表面粗糙度 $R_a = 0.38$ μm，发生皇冠型飞溅；第 3 列对应的表面粗糙度 $R_a = 1.96$ μm，发生皇冠型飞溅；第 4 列对应的表面粗糙度 $R_a = 9.16$ μm，发生微液滴飞溅。图 4-16（b）中，液滴撞击速度 $V_0 = 2.2$ m/s，对应的韦伯数 $We = 385$，图像对应时刻 $T = 0.5$ ms；第 1 列对应的表面粗糙度 $R_a = 0.011$ μm，形成皇冠型飞溅，其中的小图对应 $T = 0.1$ ms 时刻，显示了飞离表面的连续液膜；第 2 列对应的表面粗糙度 $R_a = 0.38$ μm，发生皇冠型飞溅，显示飞离表面液膜的小图对应 $T = 0.1$ ms 时刻；第 3 列对应的表面粗糙度 $R_a = 1.96$ μm，发生微液滴飞溅；第 4 列对应的表面粗糙度 $R_a = 9.16$ μm，发生微液滴飞溅。图 4-16（c）中，液滴撞击速度 $V_0 = 1.7$ m/s，对应的韦伯数 $We = 230$，图像对应时刻 $T = 1.0$ ms；第 1~3 列对应的表面粗糙度 R_a 分别为

0.011 μm、0.38 μm、1.96 μm，液滴撞击后均在表面上铺展，未出现飞溅；第4列对应的表面粗糙度 R_a = 9.16 μm，发生微液滴飞溅。

从图 4-16 可知，从高速乙醇液滴撞击光滑表面形成的皇冠型飞溅，既可以通过增加表面粗糙度被抑制为微液滴飞溅，也可以通过降低撞击速度而被抑制为沉积。图 4-16（c）再次展示了表面粗糙度的增加可以触发微液滴飞溅（从前 3 列的沉积到第 4 列的微液滴飞溅），这与前人的观察[5-7,9-12]一致。与轻微粗糙度表面对水液滴的影响不同，在低表面粗糙度区间，表面粗糙度的变化对乙醇液滴飞溅的影响很小，如图 4-16（a）（b）的前 2 列（R_a = 0.011 μm 和 R_a = 0.38 μm）所示；此外，如图 4-16（c）前 3 列（R_a = 0.011 μm、R_a = 0.38 μm 和 R_a = 1.96 μm）所示，表面粗糙度的变化对乙醇液滴的铺展直径影响也不明显，而其对水液滴的铺展直径有明显的影响，如图 4-7（d）前 3 图（R_a = 0.011 μm、R_a = 0.38 μm 和 R_a = 1.96 μm）所示。

2. 撞击表面后液滴随时间的演化

图 4-16 所示为液滴撞击后形成的特征现象，为进一步理解这些特征现象的形成过程，接下来将给出乙醇液滴在同样条件下撞击表面后的瞬态演化。

1）V_0 = 3.3 m/s

图 4-17 所示为乙醇液滴以 3.3 m/s 速度（对应的韦伯数 We = 891）撞击不同粗糙表面后的瞬态演化。图中，黑色比例标志表示 1 mm 长度；每行表示一个不同的表面粗糙度 R_a；每列表示一个不同的液滴撞击时刻 T。

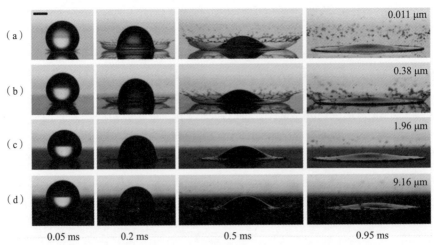

图 4-17 乙醇液滴以 3.3 m/s 速度撞击不同粗糙表面的时序图像
（a）R_a = 0.011 μm；（b）R_a = 0.38 μm；（c）R_a = 1.96 μm；（d）R_a = 9.16 μm

图 4 – 17（a）对应的表面粗糙度 $R_a = 0.011$ μm，液滴撞击后形成皇冠型飞溅；在 $T = 0.05$ ms 时刻，撞击后形成的液膜即从表面上飞起；此后，在 $T = 0.2$ ms、$T = 0.5$ ms 时刻，飞离表面的液膜逐渐增加，并形成接近皇冠的形状；该液膜在 $T = 0.95$ ms 时刻破碎，形成二次小液滴，余下的液膜继续沿被撞击表面铺展（$T = 0.95$ ms 时刻）。图 4 – 17（b）对应的表面粗糙度 $R_a = 0.38$ μm，液滴撞击以后形成皇冠型飞溅（$T = 0.05$ ms、$T = 0.2$ ms、$T = 0.5$ ms 时刻）；此后，在 $T = 0.95$ ms 时刻，液膜断裂，形成二次小液滴，实验现象与 $R_a = 0.011$ μm 情况接近，说明表面粗糙度的轻微变化并未影响乙醇液滴的飞溅。图 4 – 17（c）对应的表面粗糙度 $R_a = 1.96$ μm，液滴撞击以后，在早期（$T = 0.2$ ms 时刻）形成皇冠型飞溅，在 $T = 0.5$ ms 时刻可以看到液膜断裂，形成二次小液滴；相对于 $R_a = 0.011$ μm 和 $R_a = 1.96$ μm 的情况，皇冠型飞溅明显减弱，形成的二次小液滴也明显减少。图 4 – 17（d）对应的表面粗糙度 $R_a = 9.16$ μm，在整个撞击过程中未观察到连续的液膜离开表面，但是持续有破碎的二次小液滴从接触线处分离，形成微液滴飞溅；二次小液滴形成后，其飞行轨迹同样受表面微结构的影响显著，且形成的二次小液滴直径明显大于撞击光滑表面（$R_a = 0.011$ μm）飞溅形成的二次小液滴直径。

2）$V_0 = 2.2$ m/s

图 4 – 18 所示为乙醇液滴以 2.2 m/s 速度（对应的韦伯数 $We = 385$）撞击不同粗糙表面后的瞬态演化。图中，黑色比例标志表示 1 mm 长度；每行表示一个不同的表面粗糙度 R_a；每列表示一个不同的液滴撞击时刻 T。

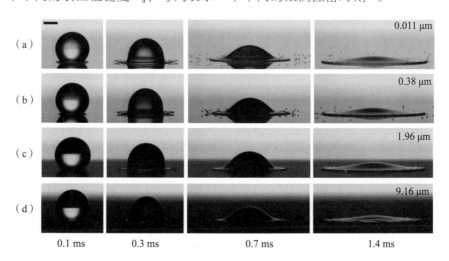

图 4 – 18 乙醇液滴以 2.2 m/s 速度撞击不同粗糙表面的时序图像

（a）$R_a = 0.011$ μm；（b）$R_a = 0.38$ μm；（c）$R_a = 1.96$ μm；（d）$R_a = 9.16$ μm

图 4 - 18（a）对应的表面粗糙度 $R_a = 0.011$ μm，液滴撞击后形成皇冠型飞溅；在 $T = 0.1$ ms 时刻，撞击后形成的液膜从表面上飞起；此后，在 $T = 0.3$ ms 时刻飞离表面的液膜开始破碎，形成二次小液滴；此后，二次小液滴在空中飞行，余下的液膜继续沿被撞击表面铺展（$T = 0.7$ ms 和 $T = 1.4$ ms 时刻）。图 4 - 18（b）对应的表面粗糙度 $R_a = 0.38$ μm，液滴撞击以后形成皇冠型飞溅（$T = 0.1$ ms 时刻）；此后，在 $T = 0.3$ ms 时刻，液膜断裂，形成二次小液滴，实验现象与 $R_a = 0.011$ μm 情况接近，说明表面粗糙度的轻微变化并未影响乙醇液滴的飞溅；此后，在各时刻，液膜在表面的铺展直径未受表面粗糙度变化的影响。图 4 - 18（c）对应的表面粗糙度 $R_a = 1.96$ μm，液滴撞击以后在早期（$T = 0.3$ ms 时刻）形成微液滴飞溅；相对于 $R_a = 0.011$ μm 和 $R_a = 1.96$ μm 情况，飞溅明显减弱，形成的二次小液滴也明显减少，但是此后在各时刻，液膜在表面的铺展直径未受表面粗糙度变化的影响。图 4 - 18（d）对应的表面粗糙度 $R_a = 9.16$ μm，撞击过程中持续（$T = 0.3$ ms 和 $T = 0.7$ ms 时刻）有破碎的二次小液滴从接触线处分离，形成微液滴飞溅；二次小液滴形成后，其飞行轨迹同样受表面微结构的影响显著，且形成的二次小液滴直径明显大于撞击光滑表面（$R_a = 0.011$ μm）飞溅形成的二次小液滴直径。

3）$V_0 = 1.7$ m/s

图 4 - 19 所示为乙醇液滴以 1.7 m/s 速度（对应的韦伯数 $We = 230$）撞击不同粗糙表面后的瞬态演化。图中，黑色比例标志表示 1 mm 长度；每行表示一个不同的表面粗糙度 R_a；每列表示一个不同的液滴撞击时刻 T。图 4 - 19（a）~

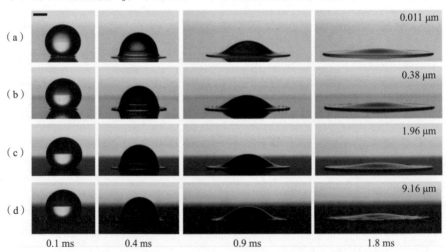

图 4 - 19　乙醇液滴以 1.7 m/s 速度撞击不同粗糙表面的时序图像

（a）$R_a = 0.011$ μm；（b）$R_a = 0.38$ μm；（c）$R_a = 1.96$ μm；（d）$R_a = 9.16$ μm

（c）对应的表面粗糙度 R_a 分别为 0.011 μm、0.38 μm、1.96 μm，液滴撞击后沿表面铺展，未形成飞溅，在此粗糙度范围内，液滴在各时刻的铺展直径也未受到表面粗糙度变化的明显影响。图 4-19（d）对应的表面粗糙度 $R_a =$ 9.16 μm，撞击过程中在 $T = 0.4$ ms 和 $T = 0.9$ ms 时刻有破碎的二次小液滴从接触线处分离，形成微液滴飞溅。

综上所述，皇冠型飞溅可以被轻微粗糙表面触发，若进一步降低或者增加表面粗糙度，则在轻微粗糙表面上形成的皇冠型飞溅都将被抑制，但这只在水液滴高速撞击的条件下被观察到。触发皇冠型飞溅的临界速度 V_{T2} 与表面粗糙度 R_a 的关系是非单调的，并受液滴表面张力系数 γ 的影响显著。

为进一步理解上述现象，课题组开展了多项实验，在包括不同的液滴直径、不同的表面张力系数和不同的表面粗糙度在内的一系列条件下，测量液滴形成微液滴飞溅的临界速度 V_{T1} 和形成皇冠型飞溅需要的临界速度 V_{T2}。

4.4 临界撞击速度

4.4.1 测试方法说明

临界速度 V_{T1} 表示液滴沉积和微液滴飞溅的分界速度，易于观测是否出现二次小液滴，因此本实验采用水平视角对每个 V_{T1} 附近的撞击速度开展至少三次相同实验。受被撞击表面颗粒分布随机性（图 4-5）的影响，在同一实验条件下无法保证所有三次实验都出现二次小液滴，因此 V_{T1} 的不确定度下限表示三次中有一次出现二次小液滴的最小撞击速度，其上限为三次均出现二次小液滴的最小撞击速度。

为测量形成皇冠型飞溅所需的临界速度 V_{T2}，课题组对每个 V_{T2} 附近的撞击速度在相同的实验条件下，分别采用水平视角（图 4-20）和提高约 10° 的向下俯视的视角（图 4-6~图 4-19）各开展三次实验，以确定该速度点的实验是否有连续的脱离表面的液膜出现。尽管如此，由于粗糙表面的微小颗粒分布具有一定的随机性，因此在同一速度下并不能保证 6 次实验都出现连续的脱体液膜，所以 V_{T2} 具有不确定度，不确定度的下限即首次观测到连续的脱体液膜的最小撞击速度，其上限为 6 次实验均观测到连续的脱体液膜的最小撞击速度。这也是表面粗糙度越大，V_{T2} 的不确定度越大的原因。

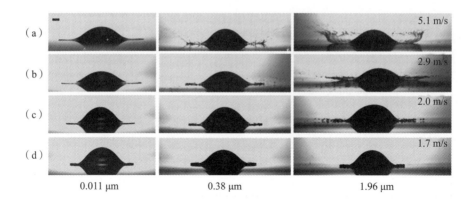

图 4 - 20　水平视角拍摄的水液滴以不同速度撞击不同粗糙表面的实验结果

（a）$V_0 = 5.1$ m/s；（b）$V_0 = 2.9$ m/s；（c）$V_0 = 2.0$ m/s；（d）$V_0 = 1.7$ m/s

图 4 - 20 所示为采用水平视角拍摄的水液滴以不同速度撞击不同粗糙表面的实验结果，液滴直径均为 $D_0 = (3.8 \pm 0.1)$ mm，黑色比例标志表示 1 mm 长度，每行表示一个不同的撞击速度 V_0，每列表示一个不同的表面粗糙度 R_a。

图 4 - 20（a）中，液滴撞击速度 $V_0 = 5.1$ m/s，对应的韦伯数 $We = 1\ 354$，图像对应时刻 $T = 0.4$ ms；第 1 列对应的表面粗糙度 $R_a = 0.011$ μm，形成皇冠型飞溅（发生在撞击早期）；第 2 列对应的表面粗糙度 $R_a = 0.38$ μm，发生皇冠型飞溅；第 3 列对应的表面粗糙度 $R_a = 1.96$ μm，发生更强的皇冠型飞溅。图 4 - 20（b）中，液滴撞击速度 $V_0 = 2.9$ m/s，对应的韦伯数 $We = 438$，图像对应时刻 $T = 0.8$ ms；第 1 列对应的表面粗糙度 $R_a = 0.011$ μm，形成沉积；第 2 列对应的表面粗糙度 $R_a = 0.38$ μm，发生微液滴飞溅；第 3 列对应的表面粗糙度 $R_a = 1.96$ μm，发生皇冠型飞溅。图 4 - 20（c）中，液滴撞击速度 $V_0 = 2.0$ m/s，对应的韦伯数 $We = 208$，图像对应时刻 $T = 1.1$ ms；第 1、2 列对应的表面粗糙度 R_a 分别为 0.011 μm 和 0.38 μm，液滴撞击后均在表面上铺展，未出现飞溅；第 3 列对应的表面粗糙度 $R_a = 1.96$ μm，发生微液滴飞溅。图 4 - 20（d）中，液滴撞击速度 $V_0 = 2.0$ m/s，对应的韦伯数 $We = 208$，图像对应时刻 $T = 1.1$ ms，第 1、2、3 列对应的表面粗糙度 R_a 分别为 0.011 μm、0.38 μm、1.96 μm，液滴撞击后均在表面上铺展，未出现飞溅，液滴铺展直径随表面粗糙度增加而降低，液膜边缘厚度随粗糙度增加而增加。

4.4.2　测试结果

基于 4.4.1 节的测试方法，课题组使用低黏性去离子水、含 16.6% 乙醇的乙醇水溶液、纯乙醇三种液滴，通过实验来观测撞击后形成微液滴飞溅所需

的临界撞击速度 V_{T1} 和形成皇冠型飞溅所需要的临界撞击速度 V_{T2}，主要关注表面粗糙度、液滴直径和液滴表面张力系数对两个临界速度的影响。每种实验条件下，实验都被重复三次以上，以确保实验结果的可重复性。

图 4－21 所示为不同直径水液滴的临界速度 V_T 随表面粗糙度 R_a 变化的曲线。图中，红色三角形表示直径为 $D_0 = (3.8 \pm 0.1)$ mm 的水液滴在不同粗糙度表面上形成微液滴飞溅需要的临界速度 V_{T1}，灰色填充的红色三角形表示直径为 $D_0 = (3.8 \pm 0.1)$ mm 的水液滴在不同粗糙度表面上形成皇冠型飞溅所需的临界速度 V_{T2}；蓝色方块表示直径为 $D_0 = (3.2 \pm 0.1)$ mm 的水液滴在不同粗糙度表面上的临界速度 V_{T1}，灰色填充的蓝色方块表示直径为 $D_0 = (3.2 \pm 0.1)$ mm 的水液滴在不同粗糙度表面上的临界速度 V_{T2}；黑色圆形表示直径为 $D_0 = (2.3 \pm 0.1)$ mm 的水液滴在不同粗糙度表面上的临界速度 V_{T1}，灰色填充的黑色圆形表示直径为 $D_0 = (2.3 \pm 0.1)$ mm 的水液滴在不同粗糙度表面上的临界速度 V_{T2}；绿色方块表示直径为 $D_0 = (3.2 \pm 0.1)$ mm 的水液滴在被打磨的粗糙亚克力表面上的临界速度 V_{T1}。竖直误差线表示的是临界速度的不确定度，水平误差线表示的表面粗糙度的标准偏差。虚线是 V_{T1} 的连线，实线是 V_{T2} 的连线。

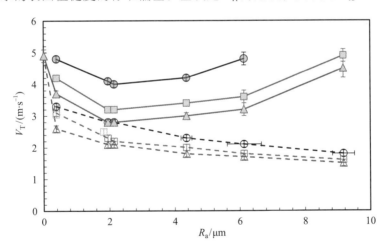

图 4－21　不同直径水液滴的临界速度随表面粗糙度变化的曲线
（书后附彩插）

从图 4－21 中可以看出，V_{T1} 和 V_{T2} 之间的区间随表面粗糙度的增加而加大，即发生微液滴飞溅的速度区间随表面粗糙度的增加而加大。例如，在水液滴直径为 $D_0 = (3.8 \pm 0.1)$ mm 的情况下，表面粗糙度 $R_a = 0.38$ μm 时，$V_{T2} - V_{T1} = 1.1$ m/s；当表面粗糙度提高至 $R_a = 9.16$ μm 时，$V_{T2} - V_{T1} = 3.0$ m/s。

由图 4－21 可知，临界速度 V_{T1} 随表面粗糙度的增加而单调下降，同时，

在表面粗糙度 R_a 小于 2.14 μm 的范围内，随着表面粗糙度的增加，V_{TI} 快速下降。例如，水液滴直径为 $D_0 = (3.8 \pm 0.1)$ mm，在粗糙度为 $R_a = 0.011$ μm 的亚克力表面形成飞溅的临界速度 $V_{TI} = 4.9$ m/s；当表面粗糙度增加为 $R_a = 0.38$ μm 时，V_{TI} 直接降低至 2.6 m/s；进一步增加表面粗糙度至 $R_a = 1.96$ μm，V_{TI} 降低至 2.1 m/s。继续增加表面粗糙度，V_{TI} 下降较为平缓，如表面粗糙度增加至 $R_a = 4.36$ μm，V_{TI} 降低至 1.8 m/s；继续提高表面粗糙度至 $R_a = 9.16$ μm，V_{TI} 降低至 1.5 m/s。其他直径水液滴的实验结果显示了相近的趋势，这与 Stow 和 Hadfield[9] 及 Roisman 等[12] 的研究结论一致。直径 $D_0 = (3.8 \pm 0.1)$ mm 的水液滴的实验结果在这一点更明确，这是因为直径 $D_0 = (3.2 \pm 0.1)$ mm 和 $D_0 = (2.3 \pm 0.1)$ mm 的水液滴即使以本章最高的撞击速度（$V_0 = 5.1$ m/s）撞击粗糙度为 $R_a = 0.011$ μm 的亚克力表面时，也未观察到飞溅现象的出现。因此，对于这两个直径的水液滴实验，V_{TI} 仅在表面粗糙度提高至 $R_a = 0.38$ μm 首次出现。所以，在图 4 – 21 中，这两种液滴的 V_{TI} 在低粗糙度范围内的急剧下降不明显。需要说明的是，Thoroddsen 等[43] 使用最小 0.74 μm/pixel 的空间分辨率和最高 10^6 帧/s 的时间分辨率观察到，水液滴撞击光滑的玻璃表面时，可以在很慢的撞击速度（如直径为 $D_0 = 5.5$ mm 的水液滴，$V_0 = 2.6$ m/s）下在撞击的早期出现微小（直径为几微米）的微液滴飞溅。由于这些二次微液滴远远小于本章实验所采用的空间分辨率，因此无法对它们进行观测，这也是本节测试获得的 V_{TI} 远远大于观测值的原因。

此外，图 4 – 21 中的绿色方块表示通过实验获得的直径为 $D_0 = (3.2 \pm 0.1)$ mm 的水液滴在被打磨的粗糙亚克力表面上的临界速度 V_{TI}，两种打磨亚克力表面的粗糙度分别为 $R_a = 0.37$ μm 和 $R_a = 1.87$ μm。该临界速度与同样条件的液滴撞击粗糙度相近（$R_a = 0.38$ μm 和 $R_a = 1.96$ μm）的高质量砂纸表面获得的临界速度 V_{TI} 非常接近，表明粗糙的形式对于液滴飞溅的临界速度影响很小，这与 Latka 等[7] 使用黏性液滴撞击粗糙表面的研究结果一致。

对于水液滴撞击，V_{T2} 随表面粗糙度的增加而先下降、再上升，明显地表现出了非单调的特性。对于直径为 $D_0 = (2.3 \pm 0.1)$ mm 的水液滴以最大撞击速度 $V_0 = 5.1$ m/s 撞击粗糙度为 $R_a = 9.16$ μm 的表面，课题组采用 20 μm/pixel 的空间分辨率和两种观测角度进行了数十次实验，都没有观测到有连续的脱体液膜出现。因此，在图 4 – 21 中该点（$D_0 = (2.3 \pm 0.1)$ mm 和 $R_a = 9.16$ μm）没有数据。水液滴的两种临界速度随表面粗糙度的变化趋势在三种直径下是一致的，而且两种临界速度均随液滴直径的增加而降低。

图 4 – 22 所示为不同表面张力系数液滴的临界速度随表面粗糙度变化的曲线，液滴直径均为 $D_0 = (2.3 \pm 0.1)$ mm。图中，黑色圆形表示表面张力系数

$\gamma = 72.2$ mN·m^{-1}的水液滴在不同粗糙度表面上的临界速度 V_{T1}，灰色填充的黑色圆形表示水液滴在不同粗糙度表面上的临界速度 V_{T2}；紫色菱形表示表面张力系数 $\gamma = 43.3$ mN·m^{-1}的 Alcohol 16.6% 液滴在不同粗糙度表面上的临界速度 V_{T1}，灰色填充的紫色菱形表示 Alcohol 16.6% 液滴在不同粗糙度表面上的临界速度 V_{T2}；黄色乘号表示表面张力系数 $\gamma = 22.2$ mN·m^{-1}的乙醇液滴在不同粗糙度表面上的临界速度 V_{T1}，红色的加号为乙醇液滴在不同粗糙度表面上的临界速度 V_{T2}。竖直误差线和水平误差线的含义、虚线与实线的含义均与图 4 – 21 相同。

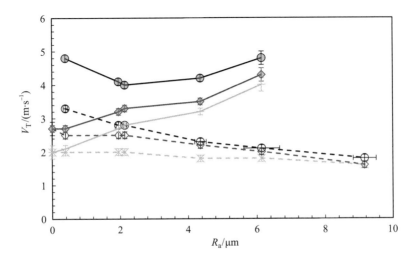

图 4 – 22　不同表面张力系数液滴的临界速度随表面粗糙度变化的曲线

（书后附彩插）

从图 4 – 22 中可以看出，V_{T1} 和 V_{T2} 之间的区间随表面张力系数的增加而加大，即发生微液滴飞溅的速度区间随表面张力系数的增加而加大。例如，在表面张力系数 $\gamma = 72.2$ mN·m^{-1}（水液滴）的撞击情况下，表面粗糙度 $R_a = 0.38$ μm 时，$V_{T2} - V_{T1} = 0.6$ m/s；表面张力系数降低至 $\gamma = 22.2$ mN·m^{-1}（乙醇液滴）时，$V_{T2} - V_{T1} = 0.1$ m/s。对于三种液滴以最大撞击速度 $V_0 = 5.1$ m/s 撞击粗糙度 $R_a = 9.16$ μm 的表面，多次的实验均未观测到有连续的脱体液膜出现。因此，在图 4 – 22 中该点（$D_0 = (2.3 \pm 0.1)$ mm 和 $R_a = 9.16$ μm）没有数据。V_{T1} 和 V_{T2} 均随表面张力系数的减小而单调下降。对于乙醇液滴和 Alcohol 16.6% 液滴，V_{T2} 随表面粗糙度的增加而单调增加。此外，在粗糙度 $R_a = 0.38$ μm 的轻微粗糙表面上，乙醇液滴和 Alcohol 16.6% 液滴的两个临界速度 V_{T1} 和 V_{T2} 非常接近，这与 Hao 和 Green[34] 在轻微粗糙的运动表面上观察到的现象一致。对于三种表面张力

系数下的 V_{T1}，均随表面粗糙度的增加而单调下降；对于水液滴的 V_{T1} 在低粗糙度范围（约小于 $R_a = 2\ \mu m$）内随粗糙度增加而快速下降的现象，随液滴表面张力系数的减小而弱化；当乙醇液滴的表面张力系数降低至 $\gamma = 22.2\ mN \cdot m^{-1}$ 时，该现象消失，即在该粗糙度范围内，表面粗糙度对于乙醇液滴 V_{T1} 的影响可以忽略。同时，在高粗糙度区间（大于约 $R_a = 4.36\ \mu m$），V_{T1} 受表面张力系数的影响非常小，表明在高度粗糙表面上的微液滴飞溅是被表面粗糙度主导的，这与 Xu 等[6]在不同环境压强下对乙醇液滴撞击高度粗糙表面的研究结论一致。

4.4.3 结果分析

Range 和 Feuillebois[11]认为，可以使用临界韦伯数 We_T 来描述液滴形成飞溅所需的临界速度与表面粗糙度的关系。根据他们的建议，课题组将图 4-21 和图 4-22 中的实验数据转换为临界韦伯数 We_T，其随 $\log \dfrac{R_a}{R_0}$ 的变化如图 4-23 所示，这里的 $R_0 = D_0/2$；把实验数据代入飞溅参数 K，可得其随 $\log \dfrac{R_a}{R_0}$ 的变化如图 4-24 所示。图 4-23 和图 4-24 中符号的意义与图 4-21 和图 4-22 中一致，虚线是使用不含 $R_a = 0.011\ \mu m$ 的粗糙表面上各种液滴的 V_{T1} 计算获得的临界韦伯数或飞溅参数的最佳拟合曲线，实线是使用 $R_a = 1.96\ \mu m$ 以上的粗糙表面上各种液滴的 V_{T2} 计算获得的临界韦伯数或飞溅参数的最佳拟合曲线。

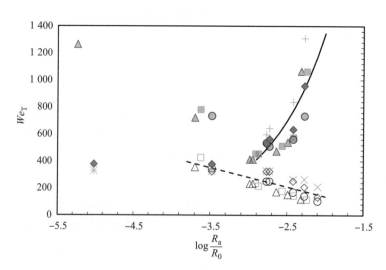

图 4-23 实验结果计算的临界韦伯数 We_T 随 $\log \dfrac{R_a}{R_0}$ 的变化

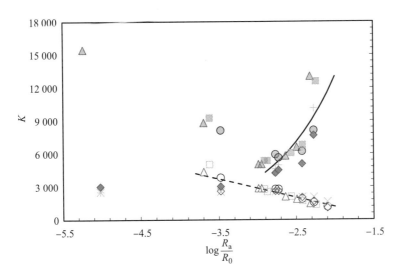

图 4 - 24　实验结果计算的飞溅参数 K 随 $\log\dfrac{R_a}{R_0}$ 的变化的曲线

从图 4 - 23 和图 4 - 24 中的虚线可知，临界韦伯数 We_T 和飞溅参数 K 都可以把各种液滴在粗糙度 $R_a \geqslant 0.38$ μm 的表面上获得的 V_{T1} 坍缩到一条曲线上。对于粗糙度 $R_a > \sim 2$ μm 的粗糙表面上的 V_{T2}，也可以被这两个参数坍缩到一条曲线上，如图 4 - 23、图 4 - 24 中的实线所示。然而，在表面粗糙度 $R_a < 2$ μm 的轻微粗糙表面上，表面粗糙度对于高表面张力系数液滴和低表面张力系数液滴的皇冠型飞溅的影响是完全相反的，即对于高表面张力系数液滴（水液滴），表面粗糙度的增加会降低 V_{T2}，而对于低表面张力系数的液滴（乙醇或 Alcohol 16.6% 液滴），该范围内表面粗糙度的变化对于 V_{T2} 的影响微弱。而且，在低表面粗糙度范围（$R_a < 2$ μm）内，表面粗糙度对于不同表面张力系数液滴的微液滴飞溅的影响也是不同的，即对于高表面张力系数液滴（水液滴），V_{T1} 随表面粗糙度的增加而急剧降低，而对于低表面张力系数的液滴（乙醇或 Alcohol 16.6% 液滴），该范围内表面粗糙度的变化对于 V_{T1} 的影响可以忽略。这样的趋势在表面粗糙度 $R_a < 0.38$ μm 的范围内尤其明显。另一方面，在其他条件相同时，临界韦伯数 We_T 和飞溅参数 K 均随表面张力单调变化。所以，这两个参数无法把在粗糙度 $R_a < 0.38$ μm 的表面上获得的 V_{T1} 和在粗糙度 $R_a < 2$ μm 的表面上获得的 V_{T2} 坍缩到一条曲线上。

此外，课题组还根据在粗糙度 $R_a > 0.38$ μm 的表面上获得的水液滴 V_{T2} 计算得到的临界韦伯数 We_T 和飞溅参数 K，并进行最优拟合，获得的曲线如图 4 -

25、图 4 – 26 中的实线所示，图中符号的意义与图 4 – 21、图 4 – 22 中一致。两条实线表明，不同直径的水液滴在表面粗糙度 $R_a > 0.38~\mu m$ 的表面上的 V_{T2} 可被两个参数坍缩为一条曲线，然而低表面张力系数液滴在低粗糙度表面上的 V_{T2} 并不能被统一描述。

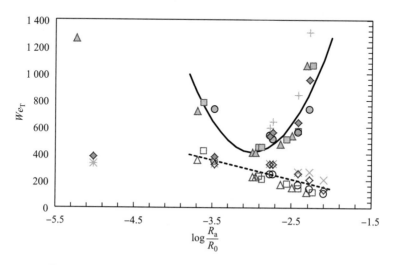

图 4 – 25　仅对不同直径水液滴 V_{T2} 计算出的 We_T 拟合的曲线

（书后附彩插）

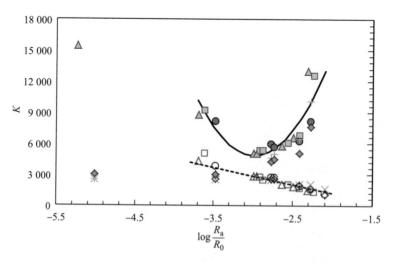

图 4 – 26　仅对不同直径水液滴 V_{T2} 计算出的 K 拟合的曲线

（书后附彩插）

综上所述，表面粗糙度显著影响液滴的飞溅。表面粗糙度 $R_a < 2$ μm 的低粗糙度表面显著强化水液滴的飞溅，包括微液滴飞溅和皇冠型飞溅，而对乙醇和 Alcohol 16.6% 液滴的微液滴飞溅几乎没有影响。液滴撞击粗糙度 $R_a > 2$ μm 的高粗糙度表面的结果与前人的研究结果[5-7,9-12]一致。这使得表面粗糙度对于水液滴皇冠型飞溅的影响是非单调的，这为本来就迷雾重重的液滴飞溅机理增加了一个新的谜团。有意思的是，尽管临界韦伯数 We_T 和飞溅参数 K 都仅考虑液滴属性而无法考虑表面粗糙度的影响，但通过无量纲参数 $\log \dfrac{R_a}{R_0}$[11] 的辅助，它们都可以把本节实验获得的各种液滴在粗糙度 $R_a > 0.38$ μm 表面上的 V_{T1} 和各种液滴在粗糙度大于 $R_a = 2$ μm 的高粗糙度表面上的 V_{T2} 坍缩到一条曲线上。然而，它们无法坍缩剩余的在低粗糙度表面上获得的数据。高粗糙度表面对液滴飞溅的影响已获得前人[5-7,9-12]的足够关注，其机理也获得了合理的解释。

4.5　液滴在不同粗糙表面的铺展

Riboux 和 Gordillo 认为，当液膜前端运动速度比湿润面积增加的速度快时，它只能脱离被撞击表面，从另一个角度来看，这表明如果液滴撞击后形成的液膜前端速度降低了，则液滴飞溅可能被强化。图 4-7 表明，水液滴撞击后的铺展直径受表面粗糙度的影响；相反，图 4-16 说明表面粗糙度并未明显影响乙醇液滴撞击后的铺展直径。

为了研究表面粗糙度对于液滴湿润面积（以铺展面积来表示）的影响，图 4-27 给出了水液滴和乙醇液滴撞击不同粗糙度表面后的铺展比例 β 随时间变化的影响，$\beta = D_L/D_0$，D_L 为液膜在表面上的铺展直径；t 是撞击时间（无量纲），$t = TV_0/D_0$。为去除飞溅对铺展直径的影响，同时便于测量铺展直径，本节实验的液滴撞击速度刚刚小于形成微液滴飞溅的临界速度 V_{T1}，液滴撞击后只在表面铺展。

在图 4-27 中，液滴直径 $D_0 = (2.3 \pm 0.1)$ mm，撞击速度 $V_0 = 2.0$ m/s；灰色填充的符号表示乙醇液滴的铺展比例 β；橙色填充的符号表示水液滴的铺展比例 β，黑色方块表示液滴撞击粗糙度 $R_a = 0.011$ μm 表面的铺展比例，红色圆形表示液滴撞击粗糙度 $R_a = 0.38$ μm 表面的铺展比例，蓝色三角形表示液滴撞击粗糙度 $R_a = 1.96$ μm 表面的铺展比例。灰色和橙色数值虚线分别标出了

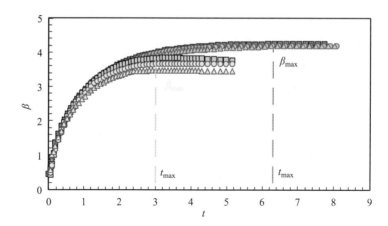

图 4 - 27　水液滴和乙醇液滴撞击不同粗糙表面后 β 随 t 变化的曲线
（书后附彩插）

乙醇液滴和水液滴撞击达到最大铺展比例 β_{max} 时对应的无量纲时刻 t_{max} ，这两种液滴撞击不同粗糙表面形成最大铺展比例所对应的时刻 t_{max} 分别保持常数。

从图 4 - 27 可知，随着表面粗糙度从 $R_a = 0.011$ μm 提高到 $R_a = 1.96$ μm，水液滴撞击形成的最大铺展比例 β_{max} 降低约 9.5% ，这和在前文实验中表面粗糙度对于水液滴飞溅影响的观察是一致的。相反，乙醇液滴撞击不同粗糙度表面后形成的最大铺展比例 β_{max} 近似保持常数，这和对表面粗糙度对于乙醇液滴飞溅影响的观察也是一致的。同时，图 4 - 27 中的水液滴和乙醇液滴的 t_{max} 分别保持不变。因此，水液滴撞击后湿润面积的扩展速度随表面粗糙度的增加而降低，而乙醇液滴湿润面积的扩展速度受表面粗糙度的影响微弱。基于这样的分析，可以认为表面粗糙度的增加降低了湿润面积扩展速度，而使液膜前端运动速度可能高于扩展速度，从而强化了水液滴的飞溅。

为进一步验证上述结果，课题组进一步开展实验。不同粗糙度下液滴最大铺展比例 β_{max} 随表面粗糙度 R_a 变化的曲线如图 4 - 28 所示，每个 β_{max} 均为同一实验条件下至少五次实验结果的平均值。图中，液滴直径 $D_0 = (2.3 \pm 0.1)$ mm，撞击速度 $V_0 = 2.0$ m/s；圆形符号表示乙醇液滴撞击亚克力和砂纸形成的最大铺展比例，橙色填充的圆形符号表示乙醇液滴撞击被打磨的亚克力形成的最大铺展比例，方形符号表示水液滴撞击形成的最大铺展比例，橙色填充的方形符号表示水液滴撞击被打磨的亚克力形成的最大铺展比例；虚线是为方便读者读图而添加的，误差线表明标准偏差。

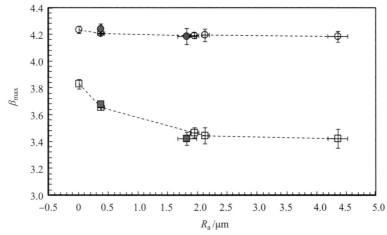

图 4 - 28 液滴最大铺展比例 β_{max} 随表面粗糙度变化的曲线

（书后附彩插）

图 4 - 28 中的实验结果进一步确认了表面粗糙度对于液滴铺展比例的影响。表面粗糙度的变化对于乙醇液滴的 β_{max} 影响微弱，这正是乙醇液滴撞击轻微粗糙表面形成微液滴飞溅的临界速度 V_{T1} 的变化趋势。另一方面，当表面粗糙度 $R_a < 2.14$ μm 时，水液滴的 β_{max} 随表面粗糙度的增加而急剧下降，这与之前对水液滴在同样粗糙度范围内的表面上飞溅的观察也是一致的。此外，本节实验还测试了乙醇液滴和水液滴撞击不同的打磨亚克力表面后形成的最大铺展比例，如图 4 - 28 中橙色填充的圆形和方形所示，结果重复了前述的表面粗糙度对乙醇液滴 β_{max} 和水液滴 β_{max} 的影响趋势。这表明粗糙度值是影响液滴最大铺展比例的主导因素，而粗糙度形式的影响是很微弱的。这些结果进一步支撑了本章的分析，即湿润面积扩展速度的降低正是增加表面粗糙度可以强化水液滴飞溅的基本机制。

光滑表面上液滴湿润面积的扩展速度通常用液滴直径 D_0、撞击速度 V_0 和撞击时刻 T 共同组成的方程来描述[19,26]。而且，表面粗糙度对于液滴撞击干燥表面后形成的最大铺展直径的影响通常被认为是可以忽略的[9,14]，这对于以确定不同撞击速度 V_0 下的最大铺展直径为目标的研究来说是合理的。这和本节对于乙醇液滴撞击后形成最大铺展比例 β_{max} 的实验结果也是一致的，但是与对于水液滴的 β_{max} 不一致。Joserrand 等[13]研究了液滴撞击后液膜遇到一道独立的突起后形成的飞溅，并推导出了一个理论来对其进行分析，他们认为该理论可以扩展，以用于分析液滴在粗糙表面上的飞溅。然而，他们的方法没有考虑表面张力系数的影响，而本节实验的结果清楚地表明，表面张力效应应该被加入理论模型。此外，在粗糙表面上的移动接触线问题也是一个开放的课题[40]。

综上，为从理论上分析液滴撞击粗糙表面后湿润面积演化的影响，目前尚没有成熟的理论可供借鉴，急需进一步开展理论工作，工作中尤其需要考虑表面张力的影响。

4.6 小 结

　　本章在开展大量液滴撞击粗糙表面的实验研究基础上，发现轻微的粗糙度增加可以触发水液滴的皇冠型飞溅，若进一步增加（或降低）被撞击表面的粗糙度，这种皇冠型飞溅都将被抑制为微液滴飞溅。而且，即使液滴撞击粗糙度高达 $R_a = 9.16~\mu m$ 的表面时，只要液滴撞击速度足够快，也能出现皇冠型飞溅。表面粗糙度对于皇冠型飞溅的这种非单调影响随液滴表面张力系数的降低而弱化。在包括不同的表面粗糙度、不同的液滴直径和不同的液滴表面张力系数在内的一系列条件下，课题组测试并获得了触发微液滴飞溅和皇冠型飞溅所需的临界速度。实验结果表明，轻微粗糙表面显著地强化水液滴的飞溅，而对于乙醇液滴和 Alcohol 16.6% 液滴飞溅的影响微弱。同时，分析本章实验结果后发现，高度粗糙表面触发微液滴飞溅而抑制皇冠型飞溅。而且，在粗糙度 $R_a > 0.38~\mu m$ 表面上测试获得的触发微液滴飞溅的临界速度，以及在粗糙度 $R_a > 2~\mu m$ 表面上测试获得的触发皇冠型飞溅的临界速度，均可以被临界韦伯数 We_T 和飞溅参数 K 坍缩到一条曲线上，而在此范围以外的其他临界速度由于轻微粗糙表面对于液滴飞溅的复杂影响而无法被这两个参数坍缩。

　　本章通过实验解释了轻微粗糙度对于液滴飞溅影响的基本机理。水液滴在不同粗糙度表面铺展比例的实验结果表明，液滴湿润面积扩展速度随表面粗糙度增加而降低。该现象被用来解释轻微粗糙表面强化水液滴飞溅。同时，实验结果表明，表面粗糙度对于乙醇液滴铺展直径的影响是很微弱的，这与课题组对于轻微粗糙表面对乙醇液滴飞溅的影响微弱的观察是一致的。此外，使用随机粗糙表面（被砂纸打磨的亚克力表面）和各向同性粗糙表面（高质量砂纸）的实验结果表明，粗糙形式对液滴撞击结果的影响很小。

参 考 文 献

[1] WORTHINGTON A M. On the forms assumed by drops of liquids falling vertically

on a horizontal plate [J]. Proc. R. Soc. Lond. , 1876, 25: 261 - 272.

[2] YARIN A L. Drop impact dynamics: splashing, spreading, receding, bouncing… [J]. Annu. Rev. Fluid Mech. , 2006, 38: 159 - 192.

[3] THORODDSEN S T, ETOH T G, TAKEHARA K. High - speed imaging of drops and bubbles [J]. Annu. Rev. Fluid Mech. , 2008, 40: 257 - 285.

[4] JOSSERAND C, THORODDSEN S T. Drop impact on a solid surface [J]. Annu. Rev. Fluid Mech. , 2016, 48: 365 - 391.

[5] RIOBOO R, TROPEA C, MARENGO M. Outcomes from a drop impact on solid surfaces [J]. Atomization Spray, 2001, 11: 155 - 165.

[6] XU L, BARCOS L, NAGEL S R. Splashing of liquids: interplay of surface roughness with surrounding gas [J]. Phys. Rev. E. , 2007, 76: 066311.

[7] LATKA A, STRANDBURG - PESHKIN A, DRISCOLL M M, et al. Creation of prompt and thin - sheet splashing by varying surface roughness or increasing air pressure [J]. Phys. Rev. Lett. , 2012, 109: 054501.

[8] LI E Q, VAKARELSKI I U, THORODDSEN S T. Probing the nanoscale: the first contact of an impacting drop [J]. J. Fluid Mech. , 2015, 785: R2.

[9] STOW C D, HADFIELD M G. An experimental investigation of fluid flow resulting from the impact of a water drop with an unyielding dry surface [J]. Proc. R. Soc. A. , 1981, 373: 419 - 441.

[10] MUNDO C, SOMMERFELD M, TROPEA C. Droplet - wall collisions: experimental studies of the deformation and breakup process [J]. Int. J. Multiphase Flow, 1995, 21: 151 - 173.

[11] RANGE K, FEUILLEBOIS F. Influence of surface roughness on liquid drop impact [J]. J. Colloid Interface Sci. , 1998, 203: 16 - 30.

[12] ROISMAN I, LEMBACH A, TROPEA C. Drop splashing induced by target roughness and porosity: The size plays no role [J]. Adv. Colloid Interfac. , 2015, 222: 615 - 621.

[13] JOSSERAND C, LEMOYNE L, TROEGER R, et al. Droplet impact on a dry surface: triggering the splash with a small obstacle [J]. J. Fluid Mech. , 2005, 524: 47 - 56.

[14] LEE J B, LAAN N, DE BRUIN K G, et al. Universal rescaling of drop impact on smooth and rough surfaces [J]. J. Fluid Mech. , 2016, 786: R4.

[15] GADELMAWLA E S, KOURA M M, MAKSOUD T M A, et al. Roughness parameters [J]. J. Mater. Process. Tech. , 2002, 123: 133 - 145.

[16] LI E Q, THORODDSEN S T. Time – resolved imaging of a compressible air disc under a drop impacting on a solid surface [J]. J. Fluid Mech., 2015, 780: 636 – 648.

[17] LATKA A. Thin – sheet creation and threshold pressures in drop splashing [J]. Soft Matter, 2017, 13: 740 – 747.

[18] VANDER WAL R L, BERGER G M, MOZES S D. The splash/non – splash boundary upon a dry surface and thin fluid film [J]. Exp. Fluids, 2006, 40: 53.

[19] BIRD J C, TSAI S, STONE H A. Inclined to splash: triggering and inhibiting a splash with tangential velocity [J]. New J. Phys., 2009, 11: 063017.

[20] THORODDSEN S T, THORAVAL M J, TAKEHARA K, et al. Droplet splashing by a slingshot mechanism [J]. Phys. Rev. Lett., 2011, 106: 034501.

[21] KIM H, PARK U, LEE C, et al. Drop splashing on a rough surface: How surface morphology affects splashing threshold [J]. Appl. Phys. Lett., 2014, 104: 161608.

[22] STEVENS C S. Scaling of the splash threshold for low – viscosity fluids [J]. Eur. Phys. Lett., 2014, 106: 4001.

[23] XU L, ZHANG W W, NAGEL S R. Drop splashing on a dry smooth surface [J]. Phys. Rev. Lett., 2005, 94: 184505.

[24] XU L. Liquid drop splashing on smooth, rough, and textured surfaces [J]. Phys. Rev. E., 2007, 75: 056316.

[25] LIU Y, TAN P, XU L. Kelvin – Helmholtz instability in an ultrathin air film causes drop splashing on smooth surfaces [J]. Proc. Natl. Acad. Sci. U. S. A., 2015, 112: 3280 – 3284.

[26] RIBOUX G, GORDILLO J M. Experiments of drops impacting a smooth solid surface: a model of the critical impact speed for drop splashing [J]. Phys. Rev. Lett., 2014, 113: 024507.

[27] GUO Y, LIAN Y, SUSSMAN M. Investigation of drop impact on dry and wet surfaces with consideration of surrounding air [J]. Phys. Fluids, 2016, 28: 073303.

[28] DUCHEMIN L, JOSSERAND C. Rarefied gas correction for the bubble entrapment singularity in drop impacts [J]. C. R. Mec., 2012, 340: 797 – 803.

[29] MANDRE S, BRENNER M P. The mechanism of a splash on a dry solid surface [J]. J. Fluid Mech., 2012, 690: 148 – 172.

［30］ PALACIOS J, HERNANDEZ J, GOMEZ P, et al. Experimental study of splashing patterns and the splashing/deposition threshold in drop impacts onto dry smooth solid surfaces ［J］. Exp. Therm. Fluid Sci. , 2013, 44: 571 – 82.

［31］ RIBOUX G, GORDILLO J M. The diameters and velocities of the droplets ejected after splashing ［J］. J. Fluid Mech. , 2015, 772: 630 – 648.

［32］ STAAT H J J, TRAN T, GEERDINK B, et al. Phase diagram for droplet impact on superheated surfaces ［J］. J. Fluid Mech. , 2015, 779: R3.

［33］ RIBOUX G, GORDILLO J M. Maximum drop radius and critical Weber number for splashing in the dynamical Leidenfrost regime ［J］. J. Fluid Mech. , 2016, 803: 516 – 527.

［34］ HAO J, GREEN S I. Splash threshold of a droplet impacting a moving substrate ［J］. Phys. Fluids, 2017, 29: 012103.

［35］ RIBOUX G, GORDILLO J M. Boundary – layer effects in droplet splashing ［J］. Phys. Rev. E. , 2017, 96: 013105.

［36］ MISHRA N K, ZHANG Y, RATNER A. Effect of chamber pressure on spreading and splashing of liquid drops upon impact on a dry smooth stationary surface ［J］. Exp. Fluids, 2011, 51: 483 – 491.

［37］ KHATTAB I S, BANDARKAR F, FAKHREE M A A, et al. Density, viscosity, and surface tension of water + ethanol mixtures from 293 to 323K ［J］. Korean J. Chem. Eng. , 2012, 29 (6): 812 – 817.

［38］ FISCHER G, BIGERELLE M, KUBIAK K J, et al. Wetting of anisotropic sinusoidal surfaces – experimental and numerical study of directional spreading ［J］. Surf. Topogr. : Metrol. Prop. , 2014, 2: 044003.

［39］ CASTREJON – PITA J R, KUBIAK K J, CASTREJON – PITA A A, et al. Mixing and internal dynamics of droplets impacting and coalescing on a solid surface ［J］. Phys. Rev. E. , 2013, 88: 023023.

［40］ DE GOEDE T C, LAAN N, DE BRUIN K G, et al. Effect of wetting on drop splashing of newtonian fluids and blood ［J］. Langmuir, 2018, 34 (18): 5163 – 5168.

［41］ QUINTERO E S, RIBOUX G, GORDILLO1 J M. Splashing of droplets impacting superhydrophobic substrates ［J］. J. Fluid Mech. , 2019, 870: 175 – 188.

［42］ SANTIAGO M A Q, YOKOI K, PITA A A C, et al. Role of the dynamic contact

angle on splashing ［J］. Phys. Rev. Lett. ，2019，122：228001.

［43］ THORODDSEN S T，TAKEHARA K，ETOH T G. Micro – splashing by drop impacts ［J］. J. Fluid Mech. ，2012，706：560 – 570.

［44］ SNOEIJER J H，ANDREOTTI B. Moving contact lines：scales，regimes，and dynamical transitions ［J］. Annu. Rev. Fluid Mech. ，2013，45：269 – 292.

第 5 章

表面倾斜角度对液滴飞溅的影响

5.1　研　究　概　况

　　液滴在干燥固体表面的飞溅是流体力学中最美丽的现象之一，当液滴以高于临界速度的速度撞击干燥表面后，在被撞击表面上形成的液膜会脱离表面，在空中飞行并形成一个接近于皇冠的形状，此后在不稳定因素作用下破碎形成二次小液滴。该现象广泛存在于自然界和一系列工农业、航空航天应用中，实例包括气溶胶生成、燃烧、喷涂、喷墨打印和农药喷洒[1-4]。虽然从 Worthington[5] 首次研究以来，大量学者对其演化和机理进行了逾 140 年的研究，却仍未对其形成机理达成共识[1]。

　　学者们分别基于惯性动力学[6-11]、Kelvin – Helmholtz 失稳[12-15]、气膜动力学[16-19]和空气动力学[20-23]提出了不同的飞溅理论。基于惯性动力学的研究从液滴本身的物理属性出发，发展出了一个飞溅参数模型，并被广泛应用于各种产生飞溅的情况。然而，飞溅参数模型无法考虑气体压强的影响，气体压强近年来被证明是影响液滴飞溅的关键因素[21,24]。学者们认为，液滴撞击后底部裹入气体的 Kelvin – Helmholtz 失稳是引起液滴飞溅的内在机制，降低气体压强对于液滴飞溅的抑制佐证了这一看法。人们还认为，液滴撞击后形成的液膜与被撞击表面是没有物理接触的，也就是在一层气膜上沿着被撞击表面运动，当这层气膜的压强大到可以使液膜飞离表面时，飞溅即发生。这两种学说在本质上都认为液膜下气体薄层（气膜）是引起飞溅的基本物理机制，因而引起了近些年关于液滴撞击后底部气体的研究热潮，获得了大量关于液滴底部裹入气体薄层的研究结果[18,25-31]。然而，尚未发现在液滴飞溅出现时刻，液膜前端底部有气体薄层存在。Riboux 和 Gordillo[20]基于空气动力学建立了一个预测液滴飞溅临界参数的理论模型，在该模型中，作用在液膜前端的气体升力是引起飞溅的驱动力。该模型已经被用于分析一系列不同条件下的实验结果[20-22,32-35]，可以很好地解释提出者及其他学者的实验，并正在被不断扩展，显示了强大的适应性。本章也将基于该模型来解释实验结果。

前人针对飞溅的研究大部分是关于液滴垂直撞击水平表面形成的对称性飞溅，而在自然界和应用中的液滴撞击大部分是倾斜的。液滴的倾斜撞击（图 5 - 1）在近些年才开始引起学者们的注意[13,36-38]，对其机理的理解仍很匮乏并需要进一步开展研究[1]。图 5 - 1 中，α 表示表面倾斜角度，V_0 为液滴撞击速度，V_t 和 V_n 分别为液滴撞击速度在垂直被撞击表面方向上和平行被撞击表面方向上的分量，g 为重力加速度，$V_{l,u}$ 和 $V_{l,d}$ 分别为液滴撞击后形成的上游液膜前端和下游液膜前端的运动速度。

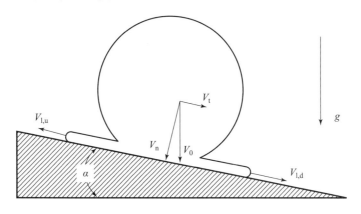

图 5 - 1　液滴撞击倾斜表面示意图

当被撞击表面的倾斜角度大于某一个临界值 $\alpha_{T,u}$ 时，液滴上游的飞溅可以被抑制，这已被一系列文献报道[13,36-38]。本章将演示存在另一个临界角度 $\alpha_{T,d}$，当被撞击表面的倾斜角度大于该角度（$\alpha > \alpha_{T,d}$），液滴下游的飞溅也将被完全抑制。Xu 等[24]最早发现降低环境气体压强到小于某一临界值可以抑制在水平表面上的皇冠型飞溅。此后，学者们在不同条件下确认了这一现象，包括在粗糙表面的飞溅[39]、在纹理表面的飞溅[40]、黏性液滴在粗糙表面的飞溅[41]、不同黏性液滴在光滑表面上的飞溅[42,43]、在运动表面的飞溅[21]。与前人的结果一致，课题组发现在倾斜表面上的飞溅也可以通过降低环境压力而被抑制。课题组在不同的表面倾斜角度 α 和不同的撞击速度 V_0 的组合下，通过实验测量了抑制倾斜表面上的液滴飞溅所需的临界压力，结果表明临界压力随表面倾斜角度 α 的增加而单调增加，但只发生在低撞击速度的情况下。当液滴撞击速度提高到一定程度，临界压力随表面倾斜角度的增加而先降低；随后进一步提高倾斜角度，临界压力快速上升，呈现明显的非单调关系。随后，本章实验扩展了 Riboux 和 Gordillo 的理论模型，使其可以考虑表面倾斜角度的影响，并可以基于水平撞击结果预测液滴撞击倾斜表面飞溅的临界速度和临界压强，理论预测结果与实验结果吻合得很好，为本章实验模型的正确性提供了有力的支持。同时，本章的分析表明，液滴飞溅的出现可以与液滴撞击后形成液膜前端的运动速度关联，这种关联不仅适用于常压情况，还适用于低压情况。

|5.2 实 验 设 置|

为研究液滴在不同环境压强下撞击不同倾斜角度表面，本章搭建的实验装置如图 5 – 2 所示；使用纯乙醇来产生液滴，在实验室环境温度（24 ± 1）℃ 情况下，乙醇的密度 $\rho = 791 \text{ kg/m}^3$，动力黏性系数 $\mu = 1.19 \text{ mPa·s}$，表面张力系

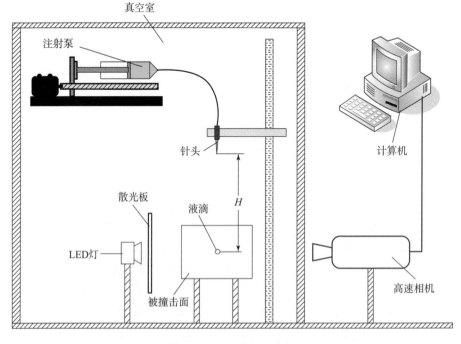

图 5 – 2　实验设置示意图

数 $\sigma = 22.9$ mN·m$^{-1[21,24]}$。在实验中，使用一台注射泵将乙醇液体缓慢地推送到一个平头不锈钢针头处，乙醇在针头处形成一个小液滴，液滴随注射泵的推送而逐渐增大，当其自身所受重力超过表面张力的作用时，在重力作用下，液滴和针头分离，此后在重力和空气阻力的共同作用下在空气中下落，直到落到被撞击表面上。

使用这种方法，对于确定的液体，一种针头内径可以产生一个确定直径的液滴，本章使用的乙醇液滴直径 $D_0 = (2.3 \pm 0.1)$ mm。通过改变针头出口与被撞击表面之间的距离 H，可以获得不同的撞击速度，本章可实现的液滴撞击速度 V_0 为 1.5~3.5 m/s，对应的韦伯数 $We = \rho D_0 V_0^2 / \sigma$ 为 179~973。由于液滴撞击速度受到空气阻力的影响，而本章考虑了不同环境气体压强对液滴飞溅的影响，因而在同一高度 H 但是不同环境压强 P 下，液滴撞击速度 V_0 也不同，因此每次实验都通过对高速图像的处理来测试 V_0。液滴与针头分离后，受分离时刻的扰动、重力、空气阻力和表面张力的作用，其形状并非时时都是理想的球状，而在撞击时刻的液滴形状显著影响撞击结果。研究表明，当液滴撞击时刻的视觉纵横比（高速图像中的最大高度和宽度之比）在 0.95~1.05 范围内时，液滴形状对于撞击结果的影响可以忽略。本章所有实验均测试了液滴撞击时刻的视觉纵横比，结果表明该值均在 0.95~1.05 范围内，因而可忽略液滴形状变化对飞溅的影响。

由第 4 章的结果可知，当被撞击表面的轮廓算术平均偏差 $R_a < 2$ μm 时，表面粗糙度的变化对于乙醇液滴的微液滴飞溅影响微弱，而对皇冠型飞溅有影响。为去除表面粗糙度对实验结果的可能影响，本章采用表面粗糙度 $R_a = 0.011$ μm 的亚克力作为被撞击表面[44]。在每次实验前，均使用乙醇对亚克力表面进行清理并吹干，且至少每 10 次实验更换一块亚克力，以保证被撞击表面的一致性。亚克力表面被放置在一个旋转平台上，该平台的倾斜角度可以在 0°~90° 范围内进行调整，调整精度可以保持在 ±0.1°。

为了考虑环境压强对实验结果的影响，课题组搭建了一个透明的真空室，真空室内气体可由一台真空泵抽出，其室内压强可在 10~101 kPa（绝对压力）范围内调节，压强由一个数字式真空传感器测量，前述液滴产生装置和可旋转被撞击表面均被放置在该真空室内。

本章使用一台 Photron 高速相机（型号为 SA1.1）搭配微距镜头以最高 10^5 帧/s 的速度拍摄液滴撞击过程，空间分辨率最高可达 19.5 μm/pixel。在撞击表面后放置一台高亮度 LED 灯和一块散光板，以获取高清的液滴撞击过程的剪影照片。

5.3 实 验 现 象

本节将给出在不同的表面倾斜角度和不同的环境压强下，液滴撞击干燥表面后形成的现象，首先给出在确定撞击速度下特征时刻的结果，然后给出液滴撞击后随时间变化的高速图像。

5.3.1 特征时刻结果

如图 5－3 所示为环境气体压强和表面倾斜角度对液滴飞溅的影响。图中，白色比例标志表示 1.0 mm 长度；对应时刻 $T=0.4$ ms，T 表示从液滴首次接触表面为起点的撞击时刻；固定针头出口与被撞击表面的高度 $H=46$ cm；每行表示一个不同的环境气体压强 P；每列表示一个不同的表面倾斜角度 α。

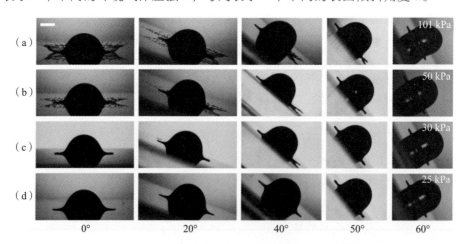

图 5－3　乙醇液滴在不同压强下撞击不同角度表面的实验结果

（a）$P=101$ kPa；（b）$P=50$ kPa；（c）$P=30$ kPa；（d）$P=25$ kPa

图 5－3（a）对应的环境气体压强 $P=101$ kPa，液滴撞击速度 $V_0=2.70$ m/s，对应的韦伯数 $We=579$；第 1 列对应于表面倾斜角度 $\alpha=0°$，液滴撞击后形成双面飞溅；第 2 列对应于表面倾斜角度 $\alpha=20°$，液滴撞击后形成双面飞溅；第 3、4 列分别对应于表面倾斜角度 $\alpha=40°$ 和 $\alpha=50°$，液滴撞击后均形成下游飞溅；第 5 列对应于表面倾斜角度 $\alpha=60°$，液滴撞击后未出现飞溅，液膜仅在被撞击表面上铺展。

图 5－3（b）对应的环境气体压强 $P=50$ kPa，液滴撞击速度 $V_0=2.76$ m/s，

对应的韦伯数 $We = 605$；第 1、2 列分别对应于表面倾斜角度 $\alpha = 0°$ 和 $\alpha = 20°$，液滴撞击后均形成双面飞溅；第 3 列对应于表面倾斜角度 $\alpha = 40°$，液滴撞击后形成下游飞溅；第 4、5 列分别对应于表面倾斜角度 $\alpha = 50°$ 和 $\alpha = 60°$，液滴撞击后均未出现飞溅；液膜仅在被撞击表面上铺展。

图 5 - 3（c）对应的环境气体压强 $P = 30$ kPa，液滴撞击速度 $V_0 = 2.79$ m/s，对应的韦伯数 $We = 618$；第 1、2 列分别对应于表面倾斜角度 $\alpha = 0°$ 和 $\alpha = 20°$，液滴撞击后均未出现飞溅，液膜仅在被撞击表面上铺展；第 3 列对应于表面倾斜角度 $\alpha = 40°$，液滴撞击后形成下游飞溅；第 4、5 列分别对应于表面倾斜角度 $\alpha = 50°$ 和 $\alpha = 60°$，液滴撞击后也均未出现飞溅。

图 5 - 3（d）对应的环境气体压强 $P = 25$ kPa，液滴撞击速度 $V_0 = 2.80$ m/s，对应的韦伯数 $We = 623$；第 1~5 列分别对应于表面倾斜角度 α 为 0°、20°、40°、50°、60°，液滴撞击后均未出现飞溅，液膜仅在被撞击表面上铺展。

图 5 - 3 表明，在常压 $P = 101$ kPa 条件下，液滴上游和下游的飞溅均可通过提高表面倾斜角度 α 而被完全抑制。这与液滴在运动表面上的飞溅是不同的，在液滴撞击运动表面情况下，运动方向下游的飞溅被抑制而上游的飞溅被强化。当表面倾斜角度大于临界角度 $\alpha_{T,u}$ 时，液滴上游的飞溅被完全抑制，如图 5 - 3（a）第 3 列所示，这与前人的观察一致[13,36 - 38]；进一步提高表面倾斜角度，使其高于另一个临界角度 $\alpha_{T,d}$，液滴下游的飞溅也被完全抑制，如图 5 - 3（a）第 5 列所示。

液滴在水平表面上的飞溅可以通过降低环境气体压强而被完全抑制，如图 5 - 3 第 1 列所示，这与 Xu 等[24]的发现是一致的。液滴在倾斜表面上的飞溅也可以通过降低环境压强被完全抑制，如图 5 - 3 中间 3 列所示。有意思的是，临界压力 P_T 随表面倾斜角度 α 从 0° 到 40° 的增加而降低，请参考图 5 - 3 的前 3 列；进一步从 40° 增加表面倾斜角度到 60°，P_T 迅速增加，请参考图 5 - 3 的后 3 列。

5.3.2　撞击表面后液滴随时间的演化

为进一步了解液滴撞击后形成飞溅或沉积的时间历程，本小节将给出液滴从高度 $H = 46$ cm 落下，在不同环境压强下撞击不同倾角表面后在不同时刻 T 的高速图像。

1. $\alpha = 0°$

图 5 - 4 所示为液滴在不同压强下撞击 $\alpha = 0°$ 表面后的瞬态演化。图中，

白色比例标志表示 1.0 mm 长度；每行表示一个不同的环境压强 P；每列表示一个不同的液滴撞击时刻 T。

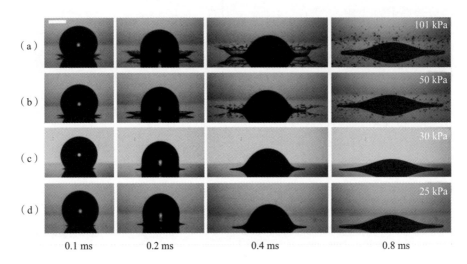

图 5 - 4　液滴在不同环境压强下撞击 $\alpha = 0°$ 表面的时序图像
（a）$P = 101$ kPa；（b）$P = 50$ kPa；（c）$P = 30$ kPa；（d）$P = 25$ kPa

图 5 - 4（a）对应的环境压强 $P = 101$ kPa，液滴撞击速度 $V_0 = 2.70$ m/s，对应的韦伯数 $We = 579$，液滴撞击后形成皇冠型飞溅。

图 5 - 4（b）对应的环境压强 $P = 50$ kPa，液滴撞击速度 $V_0 = 2.76$ m/s，对应的韦伯数 $We = 605$，液滴撞击后形成皇冠型飞溅；相对于图 5 - 4（a），皇冠型飞溅明显弱化，对比在 $T = 0.4$ ms 时刻的图像，在 $P = 101$ kPa 条件下，仍存在飞离表面的连续液膜，而在 $P = 50$ kPa 条件下，液膜已完全破碎。

图 5 - 4（c）对应的环境压强 $P = 30$ kPa，液滴撞击速度 $V_0 = 2.79$ m/s，对应的韦伯数 $We = 618$，液滴撞击后形成沉积，皇冠型飞溅被完全抑制。

图 5 - 4（d）对应的环境压强 $P = 25$ kPa，液滴撞击速度 $V_0 = 2.80$ m/s，对应的韦伯数 $We = 623$，液滴撞击后形成沉积。

这与 Xu 等[24]的发现是一致的，说明本实验设置正确。

2. $\alpha = 20°$

图 5 - 5 所示为液滴在不同压强下撞击 $\alpha = 20°$ 表面后的瞬态演化。图中，白色比例标志表示 1.0 mm 长度；每行表示一个不同的环境压强 P；每列表示一个不同的液滴撞击时刻 T。

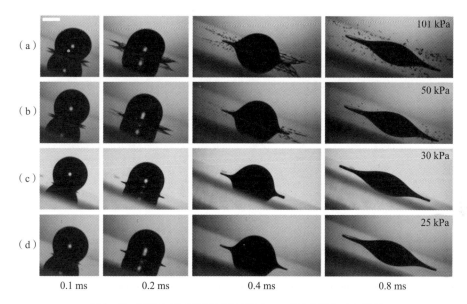

图 5-5　液滴在不同环境压强下撞击 α = 20° 表面的时序图像

（a）P = 101 kPa；（b）P = 50 kPa；（c）P = 30 kPa；（d）P = 25 kPa

图 5-5（a）对应的环境压强 P = 101 kPa，液滴撞击速度为 V_0 = 2.70 m/s，对应的韦伯数 We = 579，液滴撞击后在液滴的上下游均形成飞溅（此后简称"双向飞溅"）。

图 5-5（b）对应的环境压强 P = 50 kPa，液滴撞击速度 V_0 = 2.76 m/s，对应的韦伯数 We = 605，液滴撞击后形成双向飞溅，相对于图 5-5（a），双向飞溅明显弱化，对比 T = 0.4 ms 时刻的图像，在 P = 101 kPa 条件下，仍存在飞离表面的连续液膜，而在 P = 50 kPa 条件下，液膜已完全破碎。

图 5-5（c）对应的环境压强 P = 30 kPa，液滴撞击速度 V_0 = 2.79 m/s，对应的韦伯数 We = 618，液滴撞击后形成沉积，液滴上下游的飞溅均被完全抑制。

图 5-5（d）对应的环境压强 P = 25 kPa，液滴撞击速度 V_0 = 2.80 m/s，对应的韦伯数 We = 623，液滴撞击后形成沉积。

这与降低压强可以抑制液滴在水平表面的飞溅的结论一致。

3. α = 40°

图 5-6 所示为液滴在不同压强下撞击 α = 40° 表面后的瞬态演化。图中，白色比例标志表示 1.0 mm 长度；每行表示一个不同的环境压强 P；每列表示一个不同的液滴撞击时刻 T。

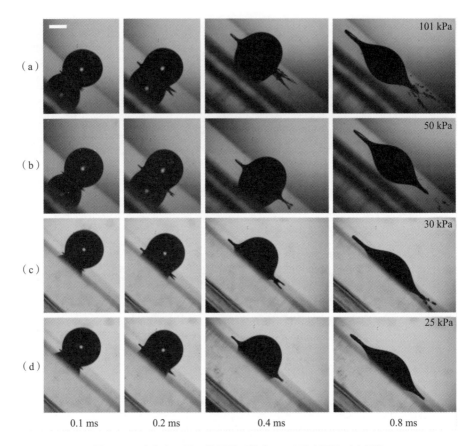

（a）

（b）

（c）

（d）

101 kPa

50 kPa

30 kPa

25 kPa

0.1 ms　　　0.2 ms　　　0.4 ms　　　0.8 ms

图5-6　液滴在不同环境压强下撞击 $\alpha = 40°$ 表面的时序图像
（a）$P = 101$ kPa；（b）$P = 50$ kPa；（c）$P = 30$ kPa；（d）$P = 25$ kPa

图5-6（a）对应的环境压强 $P = 101$ kPa，液滴撞击速度 $V_0 = 2.70$ m/s，对应的韦伯数 $We = 579$，液滴撞击后在液滴下游形成飞溅（此后简称"下游飞溅"）。

图5-6（b）对应的环境压强 $P = 50$ kPa，液滴撞击速度 $V_0 = 2.76$ m/s，对应的韦伯数 $We = 605$，液滴撞击后形成下游飞溅；相对于图5-6（a），下游飞溅明显弱化。

图5-6（c）对应的环境压强 $P = 30$ kPa，液滴撞击速度 $V_0 = 2.79$ m/s，对应的韦伯数 $We = 618$，液滴撞击后形成下游飞溅；相对于图5-6（a），下游飞溅弱化了，而相对于图5-6（b），下游飞溅强弱没有明显差异。

图5-6（d）对应的环境压强 $P = 25$ kPa，液滴撞击速度 $V_0 = 2.80$ m/s，对应的韦伯数 $We = 623$，液滴撞击后形成沉积。

这表明降低压强可以抑制液滴在倾斜表面的飞溅。有意思的是，虽然液滴在 $\alpha = 40°$ 表面上形成的飞溅比其在 $\alpha = 20°$ 表面上形成的飞溅更弱，却需要更低的压强才能被完全抑制，这与直观的感觉有所不同。

4. $\alpha = 50°$

图 5 – 7 所示为液滴在不同压强下撞击 $\alpha = 50°$ 表面后的瞬态演化。图中，白色比例标志表示 1.0 mm 长度；每行表示一个不同的环境压强 P；每列表示一个不同的液滴撞击时刻 T。

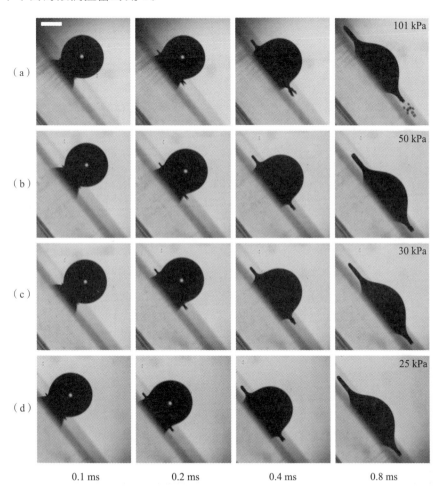

0.1 ms	0.2 ms	0.4 ms	0.8 ms

图 5 – 7　液滴在不同环境压强下撞击 $\alpha = 50°$ 表面的时序图像

（a）$P = 101$ kPa；（b）$P = 50$ kPa；（c）$P = 30$ kPa；（d）$P = 25$ kPa

图 5 – 7（a）对应的环境压强 $P = 101$ kPa，液滴撞击速度 $V_0 = 2.70$ m/s，对应的韦伯数 $We = 579$，液滴撞击后在液滴下游形成下游飞溅。

图 5 – 7（b）对应的环境压强 $P = 50$ kPa，液滴撞击速度 $V_0 = 2.76$ m/s；

对应的韦伯数 $We = 605$，图 5－7（c）对应的环境压强 $P = 30$ kPa，液滴撞击速度 $V_0 = 2.79$ m/s；对应的韦伯数 $We = 618$；图 5－7（d）对应的环境压强 $P = 25$ kPa，液滴撞击速度 $V_0 = 2.80$ m/s，对应的韦伯数 $We = 623$。在这三种条件下，液滴撞击后都形成沉积，下游飞溅均被完全抑制。

图 5－7 的结果进一步确认了降低压强可以抑制液滴在倾斜表面的飞溅，且抑制液滴下游飞溅所需的环境压强相对于抑制液滴在 $\alpha = 40°$ 表面上形成的下游飞溅所需的环境压强有明显下降。

5. $\alpha = 60°$

图 5－8 所示为液滴在不同压强下撞击 $\alpha = 60°$ 表面后的瞬态演化。图中，白色比例标志表示 1.0 mm 长度；每行表示一个不同的环境压强 P；每列表示一个不同的液滴撞击时刻 T。

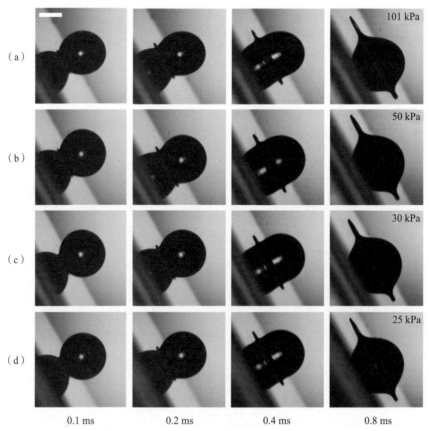

图 5－8 液滴在不同环境压强下撞击 $\alpha = 60°$ 表面的时序图像

（a）$P = 101$ kPa；（b）$P = 50$ kPa；（c）$P = 30$ kPa；（d）$P = 25$ kPa

图 5 - 8（a）对应的环境压强 $P = 101$ kPa，液滴撞击速度 $V_0 = 2.70$ m/s，对应的韦伯数 $We = 579$；图 5 - 8（b）对应的环境压强 $P = 50$ kPa，液滴撞击速度 $V_0 = 2.76$ m/s，对应的韦伯数 $We = 605$；图 5 - 8（c）对应的环境压强 $P = 30$ kPa，液滴撞击速度 $V_0 = 2.79$ m/s，对应的韦伯数 $We = 618$；图 5 - 8（d）对应的环境压强 $P = 25$ kPa，液滴撞击速度 $V_0 = 2.80$ m/s，对应的韦伯数 $We = 623$。在这四种条件下，液滴撞击后都形成沉积，且从图中可知，环境压强并未明显影响液滴的沉积。

综上所述，液滴在水平光滑表面上形成的皇冠型飞溅可以通过增加表面的倾斜角度而先被抑制为下游飞溅，再被完全抑制；将环境压强降低至低于某一临界压强值，可以抑制液滴在倾斜表面上形成的飞溅，在除表面倾斜角度外的其他参数均相同的撞击条件下，临界压强值与表面倾斜角度呈现非单调的关系。

为进一步理解上述现象，课题组通过实验来测量常压下抑制液滴上下游飞溅分别需要的临界角度 $\alpha_{T,u}$ 和 $\alpha_{T,d}$，在真空室内测量抑制以不同速度撞击具有不同倾斜角度表面形成的飞溅所需的临界压强 P_T。

5.4　临界倾斜角度实验结果及理论分析

本节首先将分析常压（$P = 101$ kPa）下的实验结果，专注于表面倾斜角度对于液滴飞溅的影响。然后，同时通过扩展一个现存的理论模型来获得一个可以预测临界倾斜角度的模型，基于该模型获得的结果和实验结果可以很好地吻合。

5.4.1　实验结果

在 $P = 101$ kPa 和不同韦伯数的条件下，课题组通过实验获得了分别抑制液滴上游、下游飞溅所需的临界倾斜角度 $\alpha_{T,u}$ 和 $\alpha_{T,d}$，如图 5 - 9 所示，图中每个数据点的实验都至少做三次。图中，空心方块和粗线对应抑制上游飞溅所需的临界角度 $\alpha_{T,u}$ 的实验值和理论值；空心圆形和细线对应抑制下游飞溅所需的临界角度 $\alpha_{T,d}$ 的实验值和理论值。虚线和实线分别对应改进的 Riboux 和 Gordillo 模型和简化模型获得的理论值。误差线表示的是实验结果的不确定度。

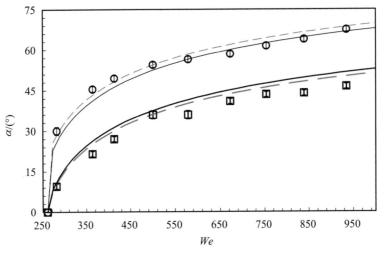

图5-9　临界角度 $\alpha_{T,u}$ 和 $\alpha_{T,d}$ 与韦伯数的关系曲线

当 $\alpha < \alpha_{T,u}$ 时，液滴撞击倾斜表面后出现双向飞溅；当 $\alpha > \alpha_{T,d}$ 时，液滴撞击后沉积在被撞击表面；当 $\alpha_{T,u} < \alpha < \alpha_{T,d}$ 时，液滴撞击后仅出现下游飞溅，图5-3（a）的第3、4列很好地演示了这种情况。如图5-9所示，抑制液滴上游飞溅所需要的临界倾斜角度 $\alpha_{T,u}$ 和抑制下游飞溅所需要的临界倾斜角度 $\alpha_{T,d}$ 均随韦伯数增加而单调上升。

5.4.2　理论分析

为分析倾斜角度对于液滴飞溅的影响，在此把液滴撞击速度 V_0 分解成如图5-1所示的垂直于被撞击表面的速度分量 V_n 和平行于被撞击表面的速度分量 V_t。它们可以表示如下：

$$\left.\begin{array}{l} V_n = V_0\cos\alpha \\ V_t = V_0\sin\alpha \end{array}\right\} \tag{5-1}$$

由于液滴撞击倾斜表面后，存在平行于被撞击表面的速度分量，因而其有沿表面向下流动的趋势，进而上游液膜的运动速度 $V_{1,u}$ 和下游液膜的运动速度 $V_{1,d}$ 可近似表示如下：

$$\left.\begin{array}{l} V_{1,u} = V_1 - V_t \\ V_{1,d} = V_1 + V_t \end{array}\right\} \tag{5-2}$$

式中，V_1——垂直于被撞击表面的速度分量 V_n 引起的液膜前端的运动速度。

V_1 可以使用 Riboux 和 Gordillo[20]（简称"RG"）提议的如下关系式来进行计算：

$$V_1 = \frac{\sqrt{3}}{2}\sqrt{\frac{D_0 V_n}{2T}} \tag{5-3}$$

式中，T——以液滴接触表面为起点的时刻。

Bird 等[9]和 Mandre 等[16]也给出了类似的表示形式，其区别仅在于式（5-3）前的常数系数，这也表明了采用该式求解液膜运动速度的可行性。把式（5-3）和式（5-1）代入式（5-2），可得

$$
\left.
\begin{array}{l}
V_{\mathrm{l,u}} = \dfrac{\sqrt{3}}{2}\sqrt{\dfrac{D_0 V_0 \cos\alpha}{2T}} - V_0 \sin\alpha \\[4mm]
V_{\mathrm{l,d}} = \dfrac{\sqrt{3}}{2}\sqrt{\dfrac{D_0 V_0 \cos\alpha}{2T}} + V_0 \sin\alpha
\end{array}
\right\}
\tag{5-4}
$$

式（5-4）仅可用于 $T > T_{\mathrm{e}}$ 的情况，其中 T_{e} 表示液滴撞击后液膜首次出现的时刻。液滴飞溅由与在 T_{e} 时刻液膜前端的运动速度（即 $V_{\mathrm{le,u}}$ 和 $V_{\mathrm{le,d}}$）成正比的空气升力驱动[9,16,20,45]，一旦 T_{e} 确定，则可确定作用在液膜前端的空气升力。RG 模型[20]的核心正是使用合理的方法来确定 T_{e}，在建立模型前，他们将所有参数进行无量纲化处理，其中无量纲化的液膜脱离时刻 $t_{\mathrm{e}} = 2T_{\mathrm{e}} V_{\mathrm{n}} / D_0$。从动量守恒原理出发，RG[20]推导出了一个计算 t_{e} 的关系式：

$$
\sqrt{3}/2 Re^{-1} t_{\mathrm{e}}^{-1/2} + Re^{-2} Oh^{-2} = 1.21 t_{\mathrm{e}}^{3/2}
\tag{5-5}
$$

式中，雷诺数 $Re = \rho V_{\mathrm{n}} D_0 / (2\mu)$，奥内佐格数 $Oh = \mu / \sqrt{\rho D_0 \sigma / 2}$。一旦 t_{e} 根据式（5-5）确定，则由式（5-3）可以获得 T_{e} 时刻由垂直于被撞击表面的速度分量 V_{n} 引起的液膜前端运动速度 V_{le}，然后可由式（5-4）同时获得 $V_{\mathrm{le,u}}$ 和 $V_{\mathrm{le,d}}$。通过这种方式确定的韦伯数 $We = 579$ 时，$V_{\mathrm{le,u}}$ 和 $V_{\mathrm{le,d}}$ 与表面倾斜角度的曲线如图 5-10 所示。图中，虚线为由改进 RG 模型获得的 $V_{\mathrm{le,u}}$ 的理论值，点划

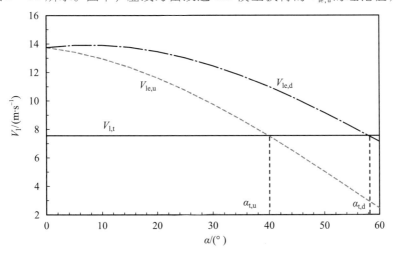

图 5-10　液膜上下游运动速度 $V_{\mathrm{le,u}}$ 和 $V_{\mathrm{le,d}}$ 理论值与表面倾斜角度 α 的曲线（$We = 579$）

线为由改进 RG 模型获得的 $V_{\mathrm{le,d}}$ 的理论值，实线表示临界液膜运动速度 $V_{\mathrm{l,T}}$，细虚线和细点划线分别标示出了 $\alpha_{\mathrm{T,u}}$ 和 $\alpha_{\mathrm{T,d}}$。

由图 5 - 10 可知，$V_{\mathrm{le,u}}$ 随表面倾斜角度 α 的增加而单调降低，这从机理上解释了提高表面倾斜角度可以抑制液滴的上游飞溅的物理现象。下游飞溅的预测相对要复杂一些，当 $\alpha < 10°$ 时，$V_{\mathrm{le,d}}$ 随 α 的增加而升高，继续增加 α 至 $10°$ 以上，$V_{\mathrm{le,d}}$ 随 α 的增加而下降。

液滴撞击后，只有在 T_{e} 时刻液膜前端运动速度大于某一液膜前端的临界运动速度 $V_{\mathrm{l,T}}$，飞溅才会出现。液滴垂直撞击水平表面后形成的飞溅临界速度经过长期广泛的研究，已经被理解得较为充分。在此，假设液滴倾斜撞击形成飞溅所需的临界液膜运动速度与液滴垂直撞击形成飞溅所需的临界液膜运动速度是一样的。基于该假设，就可以从垂直撞击中提取 $V_{\mathrm{l,T}}$ 信息。首先通过实验来确定液滴垂直撞击水平表面情况下形成飞溅所需的临界撞击速度，然后将其代入式（5 - 3）和式（5 - 5），即可获得 $V_{\mathrm{l,T}}$，如图 5 - 10 中的实线所示。

如图 5 - 10 所示，基于改进 RG 模型获得了 $V_{\mathrm{le,u}}$ 随表面倾斜角度 α 的变化。接下来，从一个足以在水平表面产生飞溅的韦伯数（例如图 5 - 10 对应的 $We = 579$）开始分析，表面倾斜角度 α 的提高降低了有效撞击速度，直到 α 增加到某一值，使得 $V_{\mathrm{le,u}} = V_{\mathrm{l,T}}$，这标志着上游飞溅开始被抑制。该点对应于图 5 - 10 中曲线 $V_{\mathrm{le,u}}$ 和液膜前端的临界运动速度 $V_{\mathrm{l,T}}$ 的交点，该点的位置确定了 $\alpha_{\mathrm{T,u}}$。当 $\alpha > \alpha_{\mathrm{T,u}}$ 时，液滴的上游飞溅被抑制。使用类似的过程，即可确定 $\alpha_{\mathrm{T,d}}$，如图 5 - 10 所示。

实际的临界条件确定过程：将已知的 $V_{\mathrm{le,u}}$（$= V_{\mathrm{l,T}}$）代入式（5 - 4）和式（5 - 5），通过数值计算即可确定在某一韦伯数和表面倾斜角度下的 $\alpha_{\mathrm{T,u}}$。使用这种方法确定的 $\alpha_{\mathrm{T,u}}$ 和 $\alpha_{\mathrm{T,d}}$ 的理论值如图 5 - 9 中的虚线所示，它们与直接实验测量出来的数值吻合良好，这说明本实验建立模型的假设是正确的，即液滴撞击后在液膜出现时刻的液膜前端运动速度决定了液滴是否发生飞溅。

本章实验对应的奥内佐格数约为 0.008，因此可以直接使用式（5 - 5）的小奥内佐格数形式，即如下求解液膜脱离时间 t_{e} 的显式关系式（此后称该模型为简化模型）：

$$t_{\mathrm{e}} \approx (1.1ReOh)^{-4/3} \qquad (5 - 6)$$

基于式（5 - 6），课题组求解了抑制液滴上下游飞溅所需的临界表面倾斜角度 $\alpha_{\mathrm{T,u}}$ 和 $\alpha_{\mathrm{T,d}}$，如图 5 - 9 中的实线所示。这样获得的理论值与直接实验值、由改进 RG 模型获得理论值都吻合得很好，表明由该简化模型获得的结果也是正确的。而且，使用该简化模型，可以显著简化计算过程。

|5.5　临界压强实验结果及理论分析|

本节将分析低环境压强下的实验结果，专注于环境气体压强对于液滴在倾斜表面上飞溅的影响，同时基于垂直撞击结果解释低压下非常规的实验结果。

5.5.1　实验结果

通过 5.3 节的观察可发现，与液滴垂直撞击光滑表面形成的飞溅类似，液滴在倾斜表面形成的飞溅也可以通过降低环境气体压强至低于某一临界值而被完全抑制。本节实验测量了在 3 个韦伯数条件下，抑制液滴在不同倾斜角度表面上飞溅所需的临界压强 P_T，结果如图 5 – 11 所示。

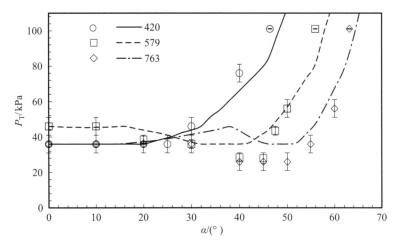

图 5 – 11　临界压强与韦伯数和表面倾斜角度的关系曲线

由于下游飞溅相对更强，因而更便于观测，在实验中通过观察对下游飞溅的抑制情况来确定 P_T。每个数据点的实验均至少做 3 次。由于实验无法实现气体压强的连续变化，因此通过实验确定的临界压强均有不确定性，本章通过观察下游飞溅的完全抑制来确定临界压强，其不确定度不超出 ± 5 kPa 范围。在图 5 – 11 中，空心圆形和实线分别对应于韦伯数 $We = 420$ 的实验数据和理论预测结果；空心方形和虚线分别对应于韦伯数 $We = 579$ 的实验数据和理论预测结果；空心菱形和点划线分别对应于韦伯数 $We = 763$ 的实验数据和理论预测结果。图中最右侧的实验结果均没有误差线，这是因为这些点均为在常压（$P = 101$ kPa）条件下通过测量 $\alpha_{T,d}$ 而获得，因此在压强上没有不确定性。

对于两个大韦伯数（$We = 579, 763$）的实验条件，临界压强 P_T 均先随表面倾斜角度 α 的增加而减小，直到 $\alpha \approx 45°$；此后，临界压强 P_T 随表面倾斜角度 α 的增加而迅速提升。对于韦伯数最小（$We = 420$）的实验条件，在本章研究的参数范围内，临界压强 P_T 随表面倾斜角度 α 的增加而单调提升。进一步观察图 5 - 11 可以发现，在韦伯数分别为 $We = 420$ 和 $We = 763$ 条件下，抑制垂直撞击形成飞溅的临界压强相同，但是该压强低于抑制以中等韦伯数 $We = 579$ 垂直撞击形成飞溅所需的临界压强。对于表面倾斜角度较大的情况（$\alpha > 45°$），这些临界压强随韦伯数的降低而单调提升。

5.5.2　理论分析

为解释环境气体压强对液滴在倾斜表面形成飞溅的影响，本实验测量了液滴以速度 $1.8 \sim 3.3$ m/s（对应的韦伯数范围为 $257 \sim 865$）垂直撞击水平表面情况下，抑制飞溅所需的临界压强 P_T，如图 5 - 12 中空心方块所示，图中的误差线表示的是实验不确定性。图中，粗实线、粗虚线和粗点划线分别表示液滴以不同韦伯数撞击不同倾斜角度表面情况下的等效垂直撞击韦伯数（$EOWN$，相关定义请参考本节后续内容）；标志为 A 的粗实线对应 $We = 420$ 在不同表面倾斜角度 α 的 $EOWN$；标志为 B 的粗虚线对应 $We = 579$ 在不同表面倾斜角度 α 的 $EOWN$；标志为 C 的粗点划线对应 $We = 763$ 在不同表面倾斜角度 α 的 $EOWN$。实线箭头指向对应的坐标轴，带箭头的细点划线是基于垂直撞击临界压强求解倾斜撞击临界压强的信息流向。

图 5 - 12 所示的临界压强实验值与撞击韦伯数的曲线表明，临界压强随韦伯数增加的变化是非单调的，这与 Xu 等[24]的发现一致。随着撞击韦伯数增加至 420，临界压强 P_T 迅速下降；继续增加韦伯数至 579 附近，临界压强 P_T 缓慢上升；进一步增加韦伯数，临界压强 P_T 再次下降。临界压强与韦伯数之间的这种非单调变化的内在机理，目前尚未被充分理解[24]，其解释也超出了本章的研究范畴。因此，接下来将直接使用这些参数来分析液滴撞击倾斜表面的临界压强变化趋势。

为分析倾斜撞击的临界压强，在此做出假设：在相同的环境压强下，对于垂直撞击和倾斜撞击两种情况，临界液膜速度是相同的，其中临界液膜速度用于标志沉积到飞溅的转换。基于该假设，先将倾斜撞击等效为垂直撞击，以便利用垂直撞击的数据来分析倾斜撞击的结果，由于在低压下倾斜撞击的结果均从对下游飞溅的测试中获取，因此后面的分析也仅针对倾斜撞击后的下游液

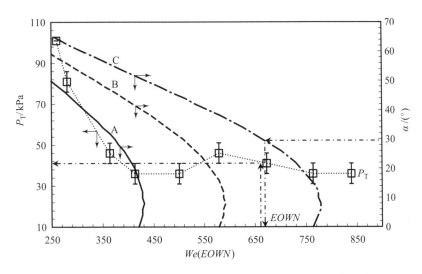

图 5-12　液滴垂直撞击临界压强的实验值及以其为基础的分析过程

膜。当液滴以撞击速度 V_0 撞击倾斜角度为 α 的表面后，在液膜形成瞬间，在液滴下游形成液膜运动速度 $V_{\mathrm{le,d}}$，对于垂直撞击情况下，存在一个等效垂直撞击速度（*EOIV*），可以使得液滴在以撞击速度垂直撞击水平表面后，在液膜出现瞬间的液膜运动速度 $V_{\mathrm{le}} = V_{\mathrm{le,d}}$。等效垂直撞击速度（*EOIV*）是指使液膜出现瞬间的液膜运动速度 V_{le} 等于在确定的（V_0, α）下倾斜撞击后形成的下游液膜运动速度 $V_{\mathrm{le,d}}$ 的垂直撞击速度，*EOIV* 定义及定义中用到的参数均标示在图 5-13 中。

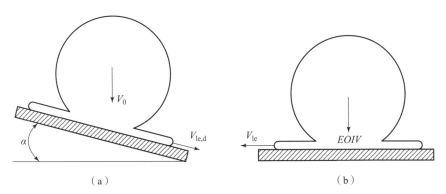

图 5-13　等效垂直撞击速度示意图

（a）倾斜撞击；（b）垂直撞击

如图 5-13 所示，预测倾斜撞击临界压强 P_T 的过程开始于选取一组确定的倾斜撞击参数，即确定的（V_0, α）组合，使用式（5-3）～式（5-5）来

计算对应的 $V_{le,d}$。由于垂直撞击必须产生相同的液膜运动速度（即 $V_{le} = V_{le,d}$），因此将已知的 V_{le} 代入式（5−3）和式（5−5），可以求得对应的 $EOIV$。在韦伯数计算公式中以 $EOIV$ 代替 V_0，就可以进一步获得等效垂直撞击韦伯数（$EOWN$）。

　　基于以上方法获取的不同韦伯数下的 $EOWN$ 与表面倾斜角度 α 的关系曲线如图 5−12 中的曲线 A、B 和 C 所示，We 分别为 420、579、763。由图中可以看到，$EOWN$ 随表面倾斜角度 α 的增加先略微增加而后迅速下降，呈现非单调的关系。此后，本实验将以 $EOWN$ 和垂直撞击下的临界压强实验数据为基础来预测倾斜撞击的临界压强，从而分析倾斜撞击临界压强与表面倾斜角度的非单调特性。

　　基于垂直撞击下的临界压强与韦伯数曲线和 $EOWN$ 与表面倾斜角度曲线，在此取确定的撞击韦伯数和表面倾斜角度组合，即（We, α）组合，以图 5−12 中带箭头的细点划线指示的信息流向（即 $We = 763$）为例，可以获得对应的 $EOWN$，然后取 $We = EOWN$ 所对应的垂直撞击的临界压强 P_T，该值即预测的（We, α）组合条件下的临界压强。以该方法获取的理论结果如图 5−11 中的曲线所示，三条曲线均与直接实验结果非常接近，并展示出了临界压强 P_T 与表面倾斜角度的非单调特性。以上分析和理论结果与实验结果的吻合表明，在液膜出现时刻液膜前端的运动速度确实决定了液滴的飞溅，该结论适用于所有压强情况。

　　然而，在两种高韦伯数（$We = 579, 763$）条件下临界压强与表面倾斜角度之间的非单调关系，以及在低韦伯数（$We = 420$）条件下。临界压强与表面倾斜角度之间的单调关系，都尚不清晰，需要进一步讨论。当其他条件保持一致时，空气升力与环境气体压强成正比[20,45]，这使得倾斜撞击下的临界压强 P_T 应该与 $EOWN$ 具有定性一致的变化趋势。当表面倾斜角度 $\alpha < 10°$ 时，$EOWN$ 随 α 的增加而增加；当 $\alpha > 10°$ 时，α 的增加使 $EOWN$ 迅速降低，如图 5−12 所示。对于本章实验中使用的最高韦伯数 $We = 763$，临界压强的局部最小值出现在 $\alpha \approx 55°$，如图 5−11 所示。这正好对应于一个 $EOWN$ 区域，在此区域内，垂直撞击的临界压强与韦伯数曲线存在一个局部最小值，如图 5−12 所示。对于韦伯数 $We = 579$ 的情况，图 5−11 所示的临界压强的局部最小值出现在 $\alpha \approx 35°$，其在图 5−12 中对应的 $EOWN$ 区域同样位于垂直撞击的临界压强与韦伯数曲线存在局部最小值的区域。对于本章采用的最低的撞击韦伯数 $We = 420$，实验获取的临界压强与表面倾斜角度之间不存在非单调关系，如图 5−11 所示；其在图 5−12 中对应的 $EOWN$ 区域位于临界压强随撞击韦伯数单调降低的区间，因而也没有非单调的变化趋势。由此可以得出结论，倾斜撞击情况下的临界压强与表面倾斜角度之间的非单调关系，与垂直撞击情况下临界压强与撞击韦伯数之间的非单调关系是非常相似的。

5.6　小　　结

　　本章搭建了液滴在不同环境气体压强下撞击具有不同倾斜角度的光滑干燥表面的实验设施。实验结果表明，液滴飞溅既可以通过提高表面倾斜角度也可以通过降低环境气体压强而被完全抑制。常压下，抑制液滴上下游飞溅的临界表面倾斜角度随韦伯数的增加而单调增加。对于较高韦伯数的撞击，抑制液滴下游飞溅所需的临界压强与表面倾斜角度之间存在非单调变化的关系；对于低韦伯数撞击，临界压强随表面倾斜角度增加而单调增加。通过扩展 RG 模型，本章建立了一个可以解释引起上述现象机理的理论模型，使用该模型计算获得的理论结果可以与直接从实验获得的结果很好吻合。本章的分析还表明，液膜出现时刻液膜前端运动速度的大小决定了是否发生飞溅，这为进一步研究液滴飞溅机理提供了新的思路和方向。

　　需要指出的是，仅基于空气动力学对液滴的飞溅进行分析，无法解释高韦伯数情况下临界压强与表面倾斜角度之间的非单调关系，有可能其他因素（如 Kelvin – Helmholtz 失稳和液膜下气膜动力学等）在液滴飞溅的形成中起到了一定的作用，两者均需对液膜下的气膜开展进一步研究。然而，课题组当前的实验设置并不能提供液膜下气体薄膜动力学的任何信息。不过，非常明确的是，该问题需要得到学者们的更多关注。

参 考 文 献

［1］ JOSSERAND C，THORODDSEN S T. Drop impact on a solid surface ［J］. Annu. Rev. Fluid Mech. ，2016，48：365 – 391.

［2］ YARIN A L. Drop Impact Dynamics – Splashing, spreading, receding, bouncing ［J］. Annu. Rev. Fluid Mech. ，2006，38：159 – 192.

［3］ THORODDSEN S T，ETOH T G，TAKEHARA K. High – speed imaging of drops and bubbles ［J］. Annu. Rev. Fluid Mech. ，2008，40：257 – 285.

［4］ LIANG G, MUDAWAR I. Review of drop impact on heated walls ［J］.
Int. J. Heat Mass Tran. , 2017, 106: 103 – 126.

［5］ WORTHINGTON A M. On the forms assumed by drops of liquid falling vertically
on a horizontal ［J］. Proc. R. Soc. Lond. , 1876, 25: 261 – 272.

［6］ STOW C D, HADFIELD M G. An experimental investigation of fluid flow resulting
from the impact of a water ［J］. Proc. R. Soc. A, 1981, 373: 419 – 441.

［7］ MUNDO C, SOMMERFELD M, TROPEA C. Droplet – wall collisions – experi-
mental studies of the deformation ［J］. Int. J. Multiphase Flow, 1995, 21: 151 –
173.

［8］ PEPPER R E, COURBIN L, STONE H A. Splashing on elastic membranes –
The importance of early – time dynamics ［J］. Phys. Fluids, 2008, 20: 082103.

［9］ BIRD J C, TSAI S, STONE H A. Inclined to splash – triggering and inhibiting a
splash with tangential velocity ［J］. New J. Phys. , 2009, 11: 063017.

［10］ THORODDSEN S T, TAKEHARA K, ETOH T G. Micro – splashing by drop
impacts ［J］. J. Fluid Mech. , 2012, 706: 560 – 570.

［11］ HOWLAND C J, ANTKOWIAK A, CASTREJóN – PITA J R, et al. It's harder
to splash on soft solids ［J］. Phys. Rev. Lett. , 2016, 117: 184502.

［12］ XU L. Liquid drop splashing on smooth, rough, and textured surfaces ［J］.
Phys. Rev. E. , 2007, 75: 056316.

［13］ LIU J, VU H, YOON S S, et al. Splashing phenomena during liquid droplet
impact ［J］. Atom. Spray, 2010, 20 (4): 297 – 310.

［14］ LIU Y, TAN P, XU L. Kelvin – Helmholtz instability in an ultrathin air film
causes drop splashing on smooth surfaces ［J］. Proc. Natl. Acad. Sci. U. S. A. ,
2015, 112: 3280 – 3284.

［15］ JIAN Z, JOSSERAND C, POPINET S, et al. Two mechanisms of droplet
splashing on a solid substrate ［J］. J. Fluid Mech. , 2018, 835: 1065 –
1086.

［16］ MANDRE S, MANI M, BRENNER M P. Precursors to splashing of liquid
droplets on a solid surface ［J］. Phys. Rev. Lett. , 2009, 102: 134502.

［17］ MANDRE S, BRENNER M P. The mechanism of a splash on a dry solid surface
［J］. J. Fluid Mech. , 2012, 690: 148 – 172.

［18］ KOLINSKI J M, RUBINSTEIN S M, MANDRE S, et al. Skating on a film of
air: Drops impacting on a surface ［J］. Phys. Rev. Lett. , 2012, 108:
074503.

[19] DUCHEMIN L, JOSSERAND C. Rarefied gas correction for the bubble entrapment singularity in drop impacts [J]. C. R. Mec. , 2012, 340: 797 – 803.

[20] RIBOUX G, GORDILLO J M. Experiments of drops impacting a smooth solid surface – a model of the critical impact speed for drop splashing [J]. Phys. Rev. Lett. , 2014, 113: 024507.

[21] Hao J, Green S I. Splash threshold of a droplet impacting a moving substrate [J]. Phys. Fluids, 2007, 29: 012103.

[22] RIBOUX G, GORDILLO J M. Boundary – layer effects in droplet splashing [J]. Phys. Rev. E. , 2017, 96: 013105.

[23] BOELENS A M P, DE PABLO J J. Simulations of splashing high and low viscosity droplets [J]. Phys. Fluids, 2018, 30: 07106.

[24] XU L, ZHANG W W, RNAGEL S. Drop splashing on a dry smooth surface [J]. Phys. Rev. Lett. , 2005, 94: 184505.

[25] DRISCOLL M M, NAGEL S R. Ultrafast interference imaging of air in splashing dynamics [J]. Phys. Rev. Lett. , 2011, 107: 154502.

[26] VAN DER VEEN R C A, TRAN T, LOHSE D, et al. Direct measurements of air layer profiles under impacting droplets using high – speed color interferometry [J]. Phys. Rev. E. , 2012, 85: 026315.

[27] LIU Y, TAN P, XU L. Compressible air entrapment in high – speed drop impacts on solid surfaces [J]. J. Fluid Mech. , 2013, 716: R9.

[28] DE RUITER J, VAN DEN ENDE D, MUGELE F. Air cushioning in droplet impact. II. Experimental characterization of the air film evolution [J]. Phys. Fluids, 2015, 27: 012105.

[29] LI E Q, THORODDSEN S T. Time – resolved imaging of a compressible air – disc under a drop impacting on [J]. J. Fluid Mech. , 2015, 780: 636 – 648.

[30] LO H Y, LIU Y, XU L. Mechanism of contact between a droplet and an atomically smooth substrate [J]. Phys. Rev. X, 2017, 7: 021036.

[31] LI E Q, LANGLEY K R, TIAN Y S, et al. Double contact during drop impact on a solid under reduced air pressure [J]. Phys. Rev. Lett. , 2017, 119: 214502.

[32] STAAT H J J, TRAN T, GEERDINK B, et al. Phase diagram for droplet impact on superheated surfaces [J]. J. Fluid Mech. , 2015, 779: R3.

[33] RIBOUX G, GORDILLO J M. The diameters and velocities of the droplets ejected

after splashing [J]. J. Fluid Mech. , 2015, 772: 630 – 648.

[34] RIBOUX G, GORDILLO J M. Maximum drop radius and critical Weber number for splashing in the dynamical Leidenfrost regime [J]. J. Fluid Mech. , 2016, 803: 516 – 527.

[35] DE GOEDE T C, LAAN N, DE BRUIN K G, et al. Effect of wetting on drop splashing of newtonian fluids and blood [J]. Langmuir, 2018, 34 (18): 5163 – 5168.

[36] ŠIKALO Š, TROPEA C, GANIC E N. Impact of droplets onto inclined surfaces [J]. J. Colloid Interf. Sci. , 2005, 286: 661 – 669.

[37] COURBIN L, BIRD J C, STONE H A. Splash and anti – splash – Observation and design [J]. Chaos, 2006, 16: 041102.

[38] ABOUD D G K, KIETZIG A M. Splashing threshold of oblique droplet impacts on surfaces of various wettability [J]. Langmuir, 2015, 31: 10100 – 10111.

[39] XU L, BARCOS L, NAGEL S R. Splashing of liquids interplay of surface roughness with surrounding gas [J]. Phys. Rev. E. , 2007, 76: 066311.

[40] TSAI P, VAN DER VEEN R C A, VAN DE RAA M, et al. How micropatterns and air pressure affect splashing on surfaces [J]. Langmuir, 2010, 26 (20): 16090 – 16095.

[41] LATKA A, STRANDBURG – PESHKIN A, DRISCOLL M M, et al. Creation of prompt and thin – sheet splashing by varying surface roughness or increasing air pressure [J]. Phys. Rev. Lett. , 2012, 109: 054501.

[42] STEVENS C S. Scaling of the splash threshold for low – viscosity fluids [J]. Eur. Phys. Lett. , 2014, 106: 24001.

[43] STEVENS C S, LATKA A, NAGEL S R. Comparison of splashing in high – and low – viscosity liquids [J]. Phys. Rev. E. , 2014, 89: 063006.

[44] HAO J. Effect of surface roughness on droplet splashing [J]. Phys. Fluids, 2017, 29: 122105.

[45] MOULSON J B T, GREEN S I. Effect of ambient air on liquid jet impingement on a moving substrate [J]. Phys. Fluids, 2013, 25: 102106.

第 6 章

非对称液滴飞溅

|6.1　研究概况|

液滴撞击干燥光滑表面后，将沿着表面形成一层径向的液体薄膜。如果液滴撞击速度高于某一个临界值，该层液膜将从表面上分离，并在不稳定因素的影响下形成二次小液滴，形成通常称为飞溅的现象。液滴飞溅广泛存在于自然界和一系列工农业、航空航天应用中，实例包括雨滴撞击、气溶胶形成、增材制造、喷墨打印、喷涂、冷却、清洁、液体燃料燃烧和农药喷洒等[1-4]。从Worthington[5]于140余年前首次开始研究起，已经有大量学者专注于该现象的研究[1-4]。

液滴在光滑干燥表面形成飞溅的机理引起了学者们的极大兴趣，至今已提出多个机制来解释飞溅，包括：

（1）基于惯性动力学[6-8]的飞溅参数模型。这是一个由韦伯数和奥内佐格数组合成的无量纲参数（参考式（4－3）），该模型仅考虑液滴属性的影响。

（2）基于液膜底的气体薄层动力学[9-16]提出飞溅机制，包括液膜下气体的 Kelvin－Helmholtz 失稳[9-12]。Xu 等[11]认为，液膜本身运动速度与液膜下气体运动速度之间存在差异，从而引起了 Kelvin－Helmholtz 失稳，驱动液膜飞离表面形成飞溅；Mandre 和 Brenner[14]认为，液膜没有实际接触被撞击表面，而是在一层气体薄层上运动的，因此飞溅受气体薄层的显著影响。

（3）基于液膜空气动力学的机制[17-19]。Riboux 和 Gordillo[19]认为，作用在液膜前端的空气升力是驱动飞溅的动力。然而，液滴飞溅是一个非常快速的动力学现象，且其影响因素非常广泛，对其形成机理尚未形成广泛的共识[1]。影响液滴飞溅是气、液、固三相共同作用的结果，因而液滴属性是重要的影响因素，包括动能[6-8]、表面张力[10,20-22]、黏性[20,23]；被撞击表面属性是另一项重要因素，如润湿性[24-26]、表面粗糙度[6,7,9,20,22,27-30]、运动速度[31-34]、倾斜角度[10,35-38]、表面温度[39,40]；此外，气体属性也对液滴飞溅有显著影响，如压强[23,28,29,32,38,42]、分子量[42]。

虽然在自然界和大部分应用中出现的液滴撞击都是倾斜的，但是针对液滴倾斜撞击的研究却很少[10,35-38]，因而对其机理的理解也很欠缺。课题组[38]研究了液滴在倾斜表面形成飞溅的抑制，并开发了一个模型来预测液滴上游和下游的飞溅临界值。但是限于所使用的侧视观测方法，其仅能提供通过液滴中心的竖直切面的剪影图像，而无法观测在液滴撞击后的液体三维演化结构。为了观测在液滴撞击后的液体三维演化过程，课题组发展了一种从被撞击表面底部观测液滴演化的技术。这种技术源于对液滴撞击后底部裹入气体薄层的观测[15,43-50]，其中液滴通常被用于反射光线，通过对光线颜色或灰度的分析，可以获得裹入的气体薄层的厚度和演化。课题组对该技术做了两方面改进：其一，提高空间分辨率（通常以每像素对应的空间距离表示）；其二，使用液滴作为透镜而不是反射体。经过改进的该项观测技术有助于辨识出液滴撞击过程中的几个特征现象，包括液膜的形成、它的飞离表面，以及形成二次小液滴。

课题组发现，在液滴撞击的早期，液膜保持一个接近圆形的形状，随着撞击时间增加，这种对称性受重力影响而被打破。在此基础上，课题组定义了液滴径向飞溅角 φ_{spl} 来描述液滴在倾斜表面上的非对称飞溅，其定义为从穿过液滴中心的表面斜度线出发向下测量的径向角 φ，从该角向下飞溅开始出现。在不同的表面倾斜角度、不同的韦伯数和不同的环境压强条件下，课题组测量了液滴径向飞溅角，并在低环境压强下观察到了非常规类型的非对称液滴飞溅。基于第 5 章建立的二维模型，使用径向角将其扩展成一个三维模型，用来预测液膜前端的运动速度，该模型被用来预测液膜圆周上各点向外运动的速度，并据此预测临界飞溅参数。该模型预测结果可以与实验结果吻合得非常好。

6.2　实验设置

本章实验设置如图 6-1（a）所示，将一台 LED 灯置于足够接近液滴撞击点，从被撞击表面底部观察液滴撞击过程时，液滴可以被用作一个透镜。

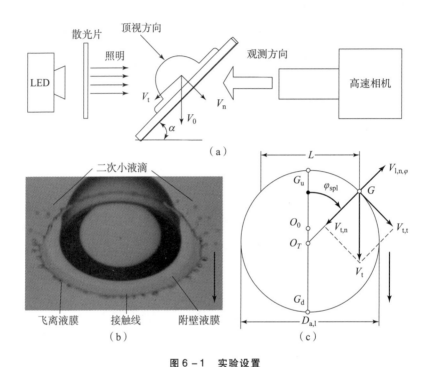

图 6 - 1　实验设置

（a）实验设置示意图；（b）典型高速图像；（c）液膜铺展顶视图

图 6 - 1（a）左侧的 LED 灯光通过一个散光片均匀地照射到液滴上，一台高速相机搭配一个微距镜头通过透明的被撞击表面底部来观测撞击过程，高速相机拍摄速率最高为 4×10^4 帧/s，实验中使用的最大空间分辨率为 $10\ \mu\text{m/pixel}$。图 6 - 1（a）中 α 表示表面倾斜角度，V_0 是液滴撞击速度，V_n 和 V_t 分别是 V_0 在垂直于被撞击表面和平行于被撞击表面方向上的速度分量。图 6 - 1（b）显示了采用这种方法拍摄的一张典型高速图像，对应的实验条件为表面倾斜角度 $\alpha = 40°$，液滴韦伯数 $We = \rho D_0 V_0^2 / \sigma = 513$，图像显示了液滴撞击后出现的丰富现象，包括液膜的形成、飞离液膜、附壁液膜、分开飞离液膜和附壁液膜的接触线、已经分离的二次小液滴。图 6 - 1（c）所示为液膜铺展的顶视图，顶视方向如图 6 - 1（a）所示。在图 6 - 1（c）中，O_0 和 O_T 分别表示液滴初始撞击点和液滴撞击后 T 时刻液膜圆心位置，其中 T 的起点为液滴首次接触表面时刻；G_u、G 和 G_d 分别对应于液膜边缘上径向角度分别为 0、φ_{spl}、$180°$ 的点，

其中 φ_{spl} 是飞溅径向角, 表征飞溅发生在 $180° > \varphi > \varphi_{spl}$ 范围内; $V_{l,n,\varphi}$ 是 G 点液膜边缘法向向外的运动速度; $V_{t,n}$ 和 $V_{t,t}$ 分别表示 V_t 沿液膜法向和切向的分速度; L 为最先与液膜分离的两侧液滴在分离时刻根部之间的距离, $D_{a,l}$ 是在同一时刻贴在表面上的液膜的铺展直径; 黑色粗箭头指向向下方向。

本章所有实验均使用乙醇[32,38,42]生成液滴, 密度 $\rho = 791$ kg/m^3, 动力黏性系数 $\mu = 1.19$ mPa·s, 表面张力系数 $\sigma = 22.9$ mN·m^{-1}; 所有实验均在普通实验室内完成, 实验室温度保持在 (24 ± 1)℃; 将一个平头不锈钢针头放置在距离被撞击表面以上高度为 H 的位置, 通过注射泵慢慢推动一个注射器中的液体向针头处运动, 逐渐增加针头处生成液滴的质量, 直到其所受重力足以克服黏附力, 则液滴自然地从针头脱落, 在重力和空气动力共同作用下向下加速运动。通过这样的方式产生的液滴直径 $D_0 = (1.74 \pm 0.05)$ mm, 非常接近乙醇的毛细长度 $l_c = \sqrt{\sigma/(\rho g)} = 1.72$ mm[50], 在所有实验中均未观察到液滴在撞击时刻有明显的形状振荡。其中 $g = 9.81$ m/s^2, 为重力加速度。通过调整针头出口与被撞击表面的距离 H, 液滴撞击速度 V_0 可以在 $1.5 \sim 3.24$ m/s 范围内进行调节, 对应的韦伯数范围为 $135 \sim 643$。

被撞击表面为透明的亚克力表面, 其表面粗糙度为 $R_a = 0.011$ μm[22]。亚克力表面被放置在一个旋转平台上, 该平台的倾斜角度可以在 $0° \sim 90°$ 范围内进行调整, 调整精度可以保持 $\pm 0.1°$。环境气体压强是影响液滴飞溅的一个重要变量, 本章未考虑其影响, 本章在第 5 章所述的透明真空室内完成相应的实验研究, 真空室内压强可以在 $10 \sim 101$ kPa 范围内调节。

6.3 实验现象

6.3.1 常压下结果

1. 表面倾斜角度对液滴飞溅的影响

图 6 - 2 所示为液滴以 $We = 416$ 在常压下撞击不同倾斜角度表面的实验结果。图中, 白色比例标志表示 1.0 mm 长度, 黑色粗箭头指向向下方向; 每行表示一个表面倾斜角度; 每列表示一个撞击时刻 (无量纲) $t = TV_0/D_0$, 式中 T 为液滴撞击后的时间, 起点为液滴首次接触表面时刻。

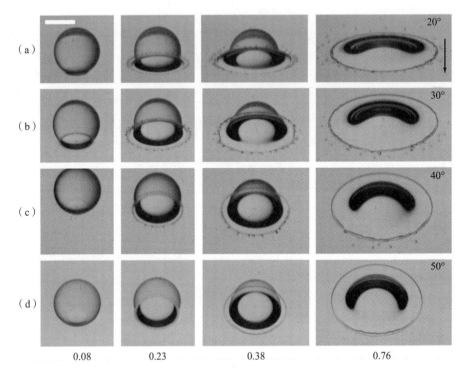

图 6-2　表面倾斜角度对液滴飞溅的影响

（a）$\alpha = 20°$；（b）$\alpha = 30°$；（c）$\alpha = 40°$；（d）$\alpha = 50°$

　　图 6-2（a）对应的表面倾斜角度 $\alpha = 20°$，液滴撞击后在整个圆周上都形成了飞溅，首次分离的二次小液滴出现在 $t = 0.38$ 时刻；在 $t = 0.76$ 时刻，所有飞离表面的液膜破碎，形成二次小液滴。图 6-2（b）对应的表面倾斜角度 $\alpha = 30°$，液滴撞击后在液膜圆周中间以下的位置上形成飞溅，首次分离的二次小液滴出现在 $t = 0.38$ 时刻；在 $t = 0.76$ 时刻，所有飞离表面的液膜破碎，形成二次小液滴。图 6-2（c）对应的表面倾斜角度 $\alpha = 40°$，液滴撞击后在液膜圆周下部位置上形成飞溅；在 $t = 0.76$ 时刻，所有飞离表面的液膜破碎，形成二次小液滴。图 6-2（d）对应的表面倾斜角度 $\alpha = 50°$，液滴撞击后沉积在被撞击表面上，在整个液膜圆周上都未出现飞溅。

　　图 6-2 表明，提高表面倾斜角度可以将液滴飞溅完全抑制，这与在第 5 章中的发现是一致的，但是图 6-2 给出了在抑制过程中的液滴飞溅部分的位置，这使得定量研究液滴被表面倾斜角度抑制的变化过程成为可能。此外，提高表面倾斜角度 α 可使液滴飞溅部分逐渐减少，如图 6-2（a）~（c）所示；直到表面倾斜角度 α 提高到 $50°$，液滴撞击后的飞溅被完全抑制，如图 6-2（d）所示。

图 6 - 3 所示为液滴以 $We = 361$ 在常压下撞击倾斜角度为 $\alpha = 40°$的表面后铺展的高速图像。图中，黑色粗箭头指向向下方向；D_v 和 D_h 分别是垂直和水平铺展直径；每列表示一个无量纲的撞击时刻 t；图 6 - 3（a）为实验拍摄到的实际高速图像；图 6 - 3（b）为将图 6 - 3（a）在垂直方向乘以 $1/\sin\alpha$ 得到的图像，即转换为以垂直底部视角观察的图像；虚线圆形用于标识液滴撞击后的铺展早期，液膜边缘形状接近于圆形。垂直直径转换示意如图 6 - 4 所示，$D_{v,\alpha}$ 为液膜沿着被撞击表面的实际铺展直径，$D_{v,\alpha} = D_v/\sin\alpha$。

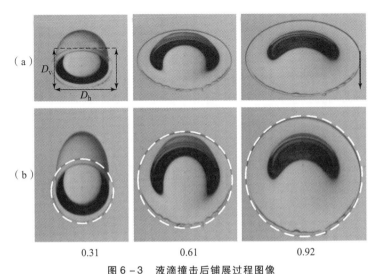

0.31　　　　　　0.61　　　　　　0.92

图 6 - 3　液滴撞击后铺展过程图像

（a）实际高速图像；（b）垂直底部视角观察的图像

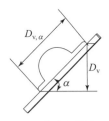

图 6 - 4　垂直直径转换示意图

液滴撞击倾斜表面后液膜的演化尚未获得充分理解。实验表明，液滴倾斜撞击后，由于存在沿表面方向分速度的 V_t，因此液滴沿被撞击表面倾斜方向运动，这与液滴撞击运动表面后的演化[31-34]是类似的。因此，人们很自然地认为液膜形状可能不是圆形。在研究液滴以低于临界参数的韦伯数撞击后的铺展过程中，由于不存在飞溅的情况，因此气、液、固三相被撞击表面之间的边界是最清楚的，非常便于提取边界数据。如图 6 - 3（a）所示，液滴撞击后在水

平方向 D_h 和竖直方向 D_v 的铺展直径可以从高速图像中获取。使用系数 $1/\sin\alpha$ 将垂直方向长度放大后的图 6 – 3（b）清楚地表明，在液滴撞击早期，向外铺展的液膜大致保持圆形，即 $D_h \approx D_v/\sin\alpha$。此后，课题组开展了液滴在临界韦伯数以下的撞击，获取了一系列条件下的无量纲参数 $\eta = (D_v/\sin\alpha)/D_h$。课题组的结果表明，液滴撞击后在首次分离的二次小液滴形成时刻，贴被撞击表面铺展的液膜保持圆形形状（将在 6.4 节详细介绍），这为计算飞溅径向角度提供了很大的便利。

2. 液滴撞击韦伯数对液滴飞溅的影响

图 6 – 5 所示为液滴撞击韦伯数对液滴飞溅的影响。图中，表面倾斜角度 $\alpha = 40°$，白色比例标志表示 1.0 mm 长度，黑色粗箭头指向向下方向；每行表示一个撞击韦伯数；每列表示一个撞击时刻（无量纲）t。

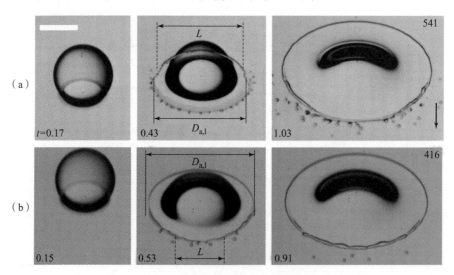

图 6 – 5 撞击韦伯数对液滴飞溅的影响

(a) $We = 541$；(b) $We = 416$

从图 6 – 5 中可知，韦伯数的增加使得液滴撞击倾斜表面后液膜飞溅的部分增加，图 6 – 5（a）对应的液滴撞击韦伯数 $We = 541$，液膜飞溅起始部分从液膜圆心以上开始，首次分离的二次小液滴出现在 $t = 0.53$ 时刻；在 $t = 0.91$ 时刻，所有飞离表面的液膜破碎，形成二次小液滴。图 6 – 5（b）对应的液滴撞击韦伯数 $We = 416$，液膜飞溅部分在底部接近液膜下部处开始出现，首次分离的二次小液滴出现在 $t = 0.43$ 时刻；在 $t = 1.03$ 时刻，所有飞离表面的液膜破碎，形成二次小液滴。

基于前一部分的结论，就可以直接使用图 6 – 5 中的 $D_{a,1}$ 作为液膜铺展直径。$D_{a,1}$ 是贴在表面上的液膜在二次小液滴首次与液膜主体分离时刻的水平铺展直径，L 是同一时刻液滴两侧已分离的二次小液滴的根部的距离。对于图 6 – 5（a）的情况，即首次分离的二次小液滴根部位于液膜圆心以上的情况，飞溅和无飞溅区域的交界位置可以用径向飞溅角 $\varphi_{spl} = \arcsin(L/D_{a,1})$ 来进行计算，请参考图 6 – 1（c）中对径向飞溅角 φ_{spl} 的示意。对于首次分离的二次小液滴根部位于液膜圆心以下的情况，即图 6 – 5（b）所示的情况，径向飞溅角以式 $\varphi_{spl} = 180° - \arcsin(L/D_{a,1})$ 进行计算，相关参数的测试方法如图 6 – 5（b）所示。以该方法测量的径向飞溅角数据将在 6.4 节介绍。

6.3.2　低压下结果

1. 不同压强下的结果

1）$\alpha = 30°$

图 6 – 6 所示为液滴以韦伯数 $We = 593$ 在不同环境气体压强下撞击倾斜角度 $\alpha = 30°$ 表面的实验结果。图中，白色比例标志表示 1.0 mm 长度；黑色粗箭头指向向下方向；每行表示一个环境气体压强；每列表示一个撞击时刻（无量纲）t。

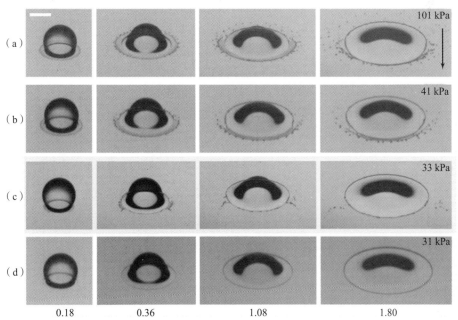

图 6 – 6　环境压强对液滴在 $\alpha = 30°$ 的倾斜表面上飞溅的影响

（a）$P = 101$ kPa；（b）$P = 41$ kPa；（c）$P = 33$ kPa；（d）$P = 31$ kPa

图 6 - 6（a）对应的环境气体压强 $P = 101$ kPa，飞溅出现在整个液膜圆周，即 $\varphi_{spl} = 0°$，首次分离的二次小液滴出现在 $t = 0.36$ 时刻；在 $t = 1.80$ 时刻，所有飞离表面的液膜破碎，形成二次小液滴。

图 6 - 6（b）对应的环境气体压强 $P = 41$ kPa，液膜圆周顶部的飞溅被抑制，$\varphi_{spl} = 84°$，首次分离的二次小液滴出现在 $t = 0.36$ 时刻；在 $t = 1.80$ 时刻，所有飞离表面的液膜破碎形成二次小液滴。

图 6 - 6（c）对应的环境气体压强 $P = 33$ kPa，液膜圆周上部和下部的飞溅均被抑制，飞溅发生在一个有限的径向角范围内，即 $\varphi_{spl,u} \leqslant \varphi \leqslant \varphi_{spl,d}$，$\varphi_{spl,u}$ 和 $\varphi_{spl,d}$ 分别表示飞溅开始和结束的径向角度，这种飞溅形式与常见的飞溅形式（即飞溅区间为 $180° > \varphi > \varphi_{spl}$ 的情况）相比，是一种非常规的飞溅形式，称为非正常飞溅；首次分离的二次小液滴出现在 $t = 1.08$ 时刻；在 $t = 1.80$ 时刻，所有飞离表面的液膜破碎，形成二次小液滴。

图 6 - 6（d）对应的环境气体压强 $P = 31$ kPa，液膜圆周的所有飞溅均被抑制，$\varphi_{spl} = 180°$。

由图 6 - 6 可知，降低环境气体压强到低于某一个临界值，可以完全抑制液滴在倾斜表面上的飞溅，如图 6 - 6（d）所示，这与第 5 章的结论是吻合的；液滴飞溅部分随环境压强的降低而逐渐减少，当将环境气体压强降低至 31 kPa 时，液滴的飞溅被完全抑制。有意思的是，在表面倾斜角度 $\alpha = 30°$ 情况下，存在一个很小的压强区间 31 kPa $< P <$ 36 kPa，在该区间内，液滴撞击后出现非正常飞溅，即飞溅出现在一个有限的径向角区间的情况，如图 6 - 6（c）所示。这样的现象是首次被观察到的，把这样的一个区间标示在 6.6 节的实验结果中，后续将单独对其进行分析。

2）$\alpha = 20°$

图 6 - 7 所示为液滴以韦伯数 $We = 593$ 在不同环境气体压强下撞击倾斜角度 $\alpha = 20°$ 表面的实验结果。图中，白色比例标志表示 1.0 mm 长度；黑色粗箭头指向向下方向；每行表示一个环境气体压强；每列表示一个撞击时刻（无量纲）t。

图 6 - 7（a）对应的环境气体压强 $P = 101$ kPa，飞溅出现在整个液膜圆周，即 $\varphi_{spl} = 0°$，首次分离的二次小液滴出现在 $t = 0.54$ 时刻；在 $t = 1.44$ 时刻，所有飞离表面的液膜破碎，形成二次小液滴。

图 6 - 7（b）对应的环境气体压强 $P = 51$ kPa，飞溅同样出现在整个液膜圆周（即 $\varphi_{spl} = 0°$），首次分离的二次小液滴出现在 $t = 0.54$ 时刻；在 $t = 1.44$ 时刻，所有飞离表面的液膜破碎，形成二次小液滴。

图 6 - 7（c）对应的环境气体压强 $P = 46$ kPa，液滴撞击后的飞溅部分主

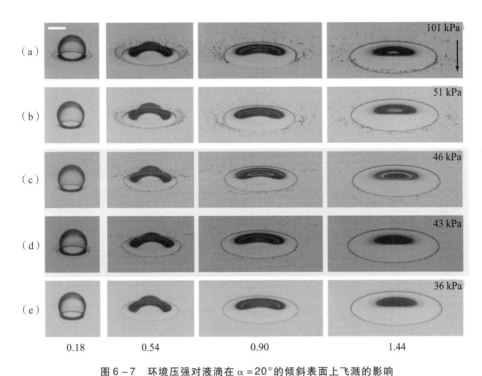

图 6 - 7　环境压强对液滴在 $\alpha = 20°$ 的倾斜表面上飞溅的影响

（a）$P = 101$ kPa；（b）$P = 51$ kPa；（c）$P = 46$ kPa；（d）$P = 43$ kPa；（e）$P = 36$ kPa

要出现在液膜圆周的上部；图中靠后时刻（$t = 0.54$ 和 0.90 时刻）的图像显示，液膜下部也出现了飞溅，然而相对上部的飞溅而言，下部的飞溅非常微弱。为方便研究，在此把这种飞溅称为上游飞溅，即飞溅发生在 $0° \leqslant \varphi \leqslant \varphi_{spl,d}$，$\varphi_{spl,d}$ 表示飞溅结束的径向角度。这种飞溅形式与常见的飞溅形式（即飞溅区间为 $180° > \varphi > \varphi_{spl}$ 的情况）相比，是一种非常规的飞溅形式，因此将其与图 6 - 6（c）所示的飞溅形式统称为非正常飞溅。首次分离的二次小液滴出现在 $t = 0.54$ 时刻；在 $t = 1.44$ 时刻，所有飞离表面的液膜破碎，形成二次小液滴。

　　图 6 - 7（d）对应的环境气体压强 $P = 43$ kPa，出现上游飞溅，首次分离的二次小液滴出现在 $t = 0.54$ 时刻；在 $t = 1.44$ 时刻，所有飞离表面的液膜破碎，形成二次小液滴。

　　图 6 - 7（e）对应的环境气体压强 $P = 36$ kPa，液膜圆周的所有飞溅均被抑制，即 $\varphi_{spl} = 180°$。

　　由图 6 - 7 可知，液滴撞击倾斜角度 $\alpha = 20°$ 的表面情况下，液滴在常压（$P = 101$ kPa）下的飞溅可以通过降低环境气体压强而被完全抑制，但在实验中并未观察到径向飞溅角随环境压强的降低而增大的情况，如图 6-7（a）（b）所示，环境压强 P 从 101 kPa 降低至 51 kPa，液滴飞溅几乎不受压强变化的影响。当环境压强进一步降低至 46 kPa 时，直接形成了上游飞溅；当环境压强降低至 43 kPa 时，同样出现上游飞溅。经实验测得，对于表面倾斜角度 $\alpha = 20°$ 的情况，这一区间为 39 kPa $< P <$ 51 kPa，在该区间，液滴撞击后均出现上游飞溅。继续降低环境压强至 36 kPa，液滴的飞溅被完全抑制。通常，液滴撞击倾斜表面后，下游出现的飞溅比较强[38]，这种在一定的压强区间内出现上游飞溅比下游飞溅强烈的新现象在之前也未见报道，这样的区间同样被标示在 6.4 节的实验结果中，后续将单独对其进行分析。

3）$\alpha = 40°$

图 6-8 所示为液滴以 $We = 593$ 在不同环境气体压强下撞击倾斜角度 $\alpha = 40°$ 表面的实验结果。图中，白色比例标志表示 1.0 mm 长度；黑色粗箭头指向向下方向；每行表示一个环境气体压强；每列表示一个撞击时刻（无量纲）t。

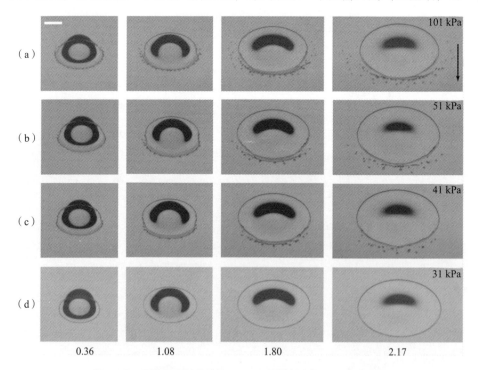

图 6-8　环境压强对液滴在 $\alpha = 40°$ 的倾斜表面上飞溅的影响

(a) $P = 101$ kPa；(b) $P = 51$ kPa；(c) $P = 41$ kPa；(d) $P = 31$ kPa

图 6-8（a）对应的环境气体压强 $P = 101$ kPa，飞溅从液膜圆周上部开始出现，$\varphi_{\mathrm{spl}} = 64°$，首次分离的二次小液滴出现在 $t = 0.36$ 时刻；在 $t = 2.17$ 时

刻，所有飞离表面的液膜破碎，形成二次小液滴。

图 6 - 8（b）对应的环境气体压强 $P = 51$ kPa，液膜圆周上部的部分飞溅被抑制，$\varphi_{spl} = 108°$，首次分离的二次小液滴出现在 $t = 1.08$ 时刻；在 $t = 2.17$ 时刻，所有飞离表面的液膜破碎形成二次小液滴。

图 6 - 8（c）对应的环境气体压强 $P = 41$ kPa，$\varphi_{spl} = 117°$，液滴飞溅部分进一步减少，首次分离的二次小液滴出现在 $t = 1.08$ 时刻；在 $t = 2.17$ 时刻，所有飞离表面的液膜破碎形成二次小液滴。

图 6 - 8（d）对应的环境气体压强 $P = 31$ kPa，液膜圆周的所有飞溅均被抑制，$\varphi_{spl} = 180°$。

从图 6 - 8 可知，液滴撞击表面倾斜角度 $\alpha = 40°$ 的表面形成的非对称飞溅，可以通过降低环境气体压强而被完全抑制。在整个抑制过程中，径向飞溅角 φ_{spl} 随环境压强的降低而单调增加，在整个实验区间出现的均为飞溅径向角区间为 $180° > \varphi > \varphi_{spl}$ 的正常飞溅，没有观察到任何形式的非正常飞溅。

2. 压强固定为 $P = 51$ kPa 的结果

1）韦伯数的影响

图 6 - 9 所示为液滴以不同韦伯数在环境气体压强 $P = 51$ kPa 下撞击倾斜角度 $\alpha = 30°$ 表面的实验结果。图中，白色比例标志表示 1.0 mm 长度；黑色粗箭头指向向下方向；每行表示一个撞击韦伯数；每列表示一个撞击时刻 T。

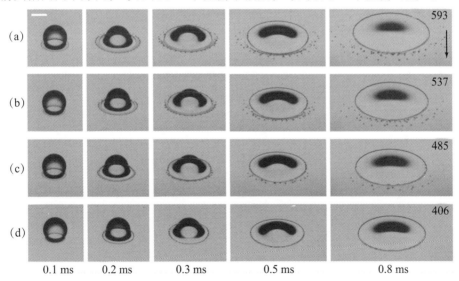

图 6 - 9 韦伯数对于液滴在环境压强 51 kPa 下撞击 $\alpha = 30°$ 的表面形成飞溅的影响
（a）$We = 593$；（b）$We = 537$；（c）$We = 485$；（d）$We = 406$

图 6 – 9（a）对应的撞击韦伯数 $We = 593$，飞溅从液膜圆周上部开始出现，$\varphi_{spl} = 30°$，首次分离的二次小液滴出现在 $T = 0.2$ ms 时刻；在 $T = 0.8$ ms 时刻，所有飞离表面的液膜破碎，形成二次小液滴。

图 6 – 9（b）对应的撞击韦伯数 $We = 537$，飞溅同样从液膜圆周上部开始出现，$\varphi_{spl} = 64°$，首次分离的二次小液滴出现在 $T = 0.2$ ms 时刻；在 $T = 0.8$ ms 时刻，所有飞离表面的液膜破碎，形成二次小液滴。

图 6 – 9（c）对应的撞击韦伯数 $We = 485$，飞溅从液膜圆周下部开始出现，$\varphi_{spl} = 124°$，首次分离的二次小液滴出现在 $T = 0.3$ ms 时刻；在 $T = 0.8$ ms 时刻，所有飞离表面的液膜破碎，形成二次小液滴。

图 6 – 9（d）对应的撞击韦伯数 $We = 406$，液膜圆周的所有飞溅均被抑制，$\varphi_{spl} = 180°$。

从图 6 – 9 可知，液滴在环境压强 $P = 51$ kPa 下撞击表面倾斜角度 $\alpha = 30°$ 的表面形成的非对称飞溅，可以通过降低撞击韦伯数而被完全抑制。在整个抑制过程中，径向飞溅角 φ_{spl} 随韦伯数的降低而单调增加，直至 $180°$，在该压强下，在整个实验韦伯数范围内没有观察到任何形式的非正常飞溅。

2）表面倾斜角度的影响

图 6 – 10 所示为液滴在环境气体压强 $P = 51$ kPa 下以韦伯数 $We = 593$ 撞击不同倾斜角度 α 表面的实验结果。图中，白色比例标志表示 1.0 mm 长度；黑色粗箭头指向向下方向；每行表示一个表面倾斜角度；每列表示一个撞击时刻（无量纲）t。

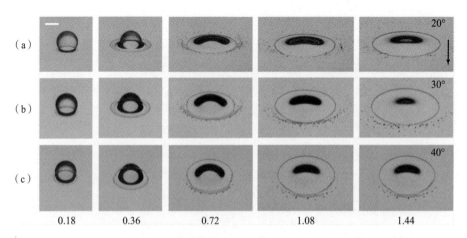

图 6 – 10　表面倾斜角度对于液滴在环境压强 51 kPa 下形成飞溅的影响

（a）$\alpha = 20°$；（b）$\alpha = 30°$；（c）$\alpha = 40°$

图6-10（a）对应的表面倾斜角度 $\alpha = 20°$，飞溅出现在整个液膜圆周上，即 $\varphi_{spl} = 0°$，首次分离的二次小液滴出现在 $t = 0.72$ 时刻；在 $t = 1.08$ 时刻，所有飞离表面的液膜破碎，形成二次小液滴。

图6-10（b）对应的表面倾斜角度 $\alpha = 30°$，飞溅从液膜圆周上部开始出现，$\varphi_{spl} = 30°$，首次分离的二次小液滴出现在 $t = 0.72$ 时刻；在 $t = 1.44$ 时刻，所有飞离表面的液膜破碎，形成二次小液滴。

图6-10（c）对应的表面倾斜角度 $\alpha = 40°$，飞溅从液膜圆周下部开始出现，$\varphi_{spl} = 108°$，首次分离的二次小液滴出现在 $t = 0.72$ 时刻；在 $t = 1.44$ 时刻，底部飞离表面的液膜尚未破碎，形成二次小液滴。

从图6-10可知，液滴在环境压强 $P = 51$ kPa 下以韦伯数 $We = 593$ 撞击倾斜表面形成的非对称飞溅，可以通过提高表面倾斜角度而被逐渐抑制。在整个抑制过程中，径向飞溅角 φ_{spl} 随表面倾斜角度的提高而单调增加，在该压强下，在整个表面倾斜角度范围内没有观察到任何形式的非正常飞溅。

综上所述，液滴在倾斜表面上形成的液膜在撞击的早期呈现近似圆形的形状，课题组由此定义一个径向飞溅角来描述液滴在倾斜表面上的非对称飞溅。实验发现，液滴在倾斜表面上的非对称飞溅可以通过提高表面倾斜角度和降低环境气体压强而被完全抑制。在常压下，径向飞溅角随表面倾斜角度的增加而单调上升，直至表面倾斜角度大于某一个临界值后，径向飞溅角达到 $180°$，即非对称飞溅被完全抑制。在低压下，大趋势仍然是降低环境压强可以完全抑制非对称飞溅，然而在表面倾斜角度 α 为 $20°$ 和 $30°$ 时，在一个很小的环境压强区间，可观察到从未被报道过的非正常飞溅。为了进一步理解上述现象，课题组开展了更多项实验，在包括不同的韦伯数、不同的表面倾斜角度和不同的环境气体压强在内的一系列条件下，测量了液滴撞击后形成的径向飞溅角，同时给出液滴铺展数据以支撑以下结论：在液滴撞击的早期，液膜铺展形状为圆形。

6.4　液滴撞击后的铺展直径比

本节首先给出液滴撞击倾斜表面后形成的水平方向和沿被撞击表面方向铺展直径随撞击时间的变化。

图6-11所示为液滴铺展直径比 $\eta = D_{v,\alpha}/D_h$ 随撞击时间（无量纲）和表面倾斜角度的变化曲线，其中 $D_{v,\alpha} = D_v/\sin\alpha$ 为液膜沿被撞击表面倾斜方向的

铺展直径，了解 D_h 和 D_v 的具体定义请参考图 6 - 3。图 6 - 11 数据对应的实验条件为常压 $P = 101$ kPa，撞击韦伯数 $We = 260$，表面倾斜角 α 分别为 20°、30°、40° 和 50°。图中，蓝色圆形为液滴撞击表面倾斜角度 $\alpha = 20$° 情况下的 η 与 t 的实验数据；橙色方块为液滴撞击表面倾斜角度 $\alpha = 30$° 情况下的 η 与 t 的实验数据；绿色菱形为液滴撞击表面倾斜角度 $\alpha = 40$° 情况下的 η 与 t 的实验数据；紫色三角形为液滴撞击表面倾斜角度 $\alpha = 50$° 情况下的 η 与 t 的实验数据；黑色直线表示 $t = 1$。

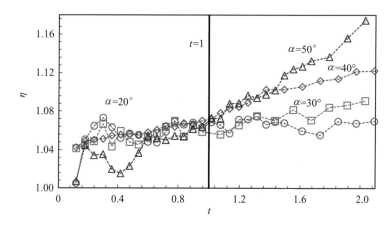

图 6 - 11 液滴铺展直径比随无量纲时间的变化曲线
（书后附彩插）

从图 6 - 11 可知，在所用实验条件下，液滴铺展直径比 η 在 $t \leqslant 1$ 时都小于1.1，这表明液膜形状在 $t \leqslant 1$ 时接近圆形，如图 6 - 3 所示。继续增加 t，则 η 随之增加，这时重力加速度开始影响液膜铺展速度，从而影响其铺展直径比。液滴铺展直径比 η 随表面倾斜角度的加大而增加，表明表面倾斜角度越大，对于液滴在 $t \geqslant 1$ 后的铺展影响越大，其原因也是重力加速度在表面倾斜方向分量随倾斜角度的增加而增加。由于二次小液滴首次从液膜分离的时刻通常在 $t \leqslant 1$ 范围内，因此课题组进一步在小于临界韦伯数的范围内开展了大量实验，并提取了 $t = 1$ 时刻的液滴铺展直径比，如图 6 - 12 所示。

图 6 - 12 所示为液滴铺展直径比 η 随撞击韦伯数和表面倾斜角度的变化曲线，实验条件为常压（$P = 101$ kPa）。图中，蓝色圆形为液滴撞击表面倾斜角度 $\alpha = 20$° 情况下的 η 与 We 的实验数据；橙色方块为液滴撞击表面倾斜角度 $\alpha = 30$° 情况下的 η 与 We 的实验数据；绿色菱形为液滴撞击表面倾斜角度 $\alpha = 40$° 情况下的 η 与 We 的实验数据；紫色三角形为液滴撞击表面倾斜角度 $\alpha = 50$° 情况下的 η 与 We 的实验数据。图中的所有数据均为至少三次实验的平均值，误

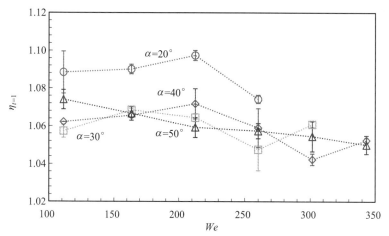

图 6 - 12　$t=1$ 时刻的液滴铺展直径比与韦伯数和表面倾斜角度的关系

（书后附彩插）

差线为标准偏差。在 $\alpha = 20°$ 情况下有两个较高韦伯数条件下没有实验结果，在 $\alpha = 30°$ 情况下在最高韦伯数条件下没有实验结果，这是因为在这三个实验点上观测到了飞溅，为保持实验条件的一致性（即所有结果均在液滴沉积条件下获得），课题组舍弃了这三点的数据。

图 6 - 12 进一步表明，液滴在不同条件下撞击后，在 $t = 1$ 时刻液滴铺展直径比都小于 1.1。直观上，$\alpha = 20°$ 情况下的 η 应该是最小的，而实验结果显示了相反的趋势，这是因为受本实验方法的限制，高速图像受到镜头景深的影响，在 $\alpha = 20°$ 情况下 η 的误差相对更大。图 6 - 12 数据显示，液滴撞击韦伯数越大，η 就越小，由于后续对液滴飞溅的研究均是在较大的韦伯数下进行的，因而在液滴撞击早期把径向铺展的液膜认为仍保持圆形是合理的。在之前的分析表明，上下游液膜铺展速度的平均值与液膜水平方向上的铺展速度相同[38]，这也与课题组对液膜铺展直径比的观察是吻合的。

综上所述，课题组在此后的飞溅研究中可以把撞击早期的液膜认为仍然保持圆形向外扩展，这有助于定义径向飞溅角，如图 6 - 1 （c）所示，并可以直接取水平铺展直径对其进行计算，这能极大简化径向飞溅角的计算。径向飞溅角的计算方法和参数测量方法请参考图 6 - 5 及其周边的相关文字。

6.5　常压下液滴的径向飞溅角

本节给出常压下液滴以不同的韦伯数撞击具有不同倾斜角度的表面后形成

的径向飞溅角，并在对液膜下气体润滑力分析的基础上，建立一个模型来分析径向飞溅角的变化趋势。

6.5.1 实验结果

图 6 – 13 所示为径向飞溅角 φ_{spl} 随韦伯数 We 以及表面倾斜角度 α 变化的曲线，图中误差线表示的是标准偏差。对于 $\varphi_{spl} = 0°$ 的情况，课题组通过测试上游飞溅被抑制的临界韦伯数而获得 $\varphi_{spl} = 0°$ 对应的韦伯数，而对于 $\varphi_{spl} = 180°$ 的情况，对应的韦伯数是通过测量下游飞溅被抑制的临界韦伯数而获得的，因此在这两种情况下的实验数据没有误差线。图中，蓝色圆圈表示表面倾斜角度 $\alpha = 20°$ 时液滴以不同韦伯数撞击形成的 φ_{spl}；橙色方块表示表面倾斜角度 $\alpha = 30°$ 时液滴以不同韦伯数撞击形成的 φ_{spl}；绿色菱形表示表面倾斜角度 $\alpha = 40°$ 时液滴以不同韦伯数撞击形成的 φ_{spl}；紫色三角形表示表面倾斜角度 $\alpha = 50°$ 时液滴以不同韦伯数撞击形成的 φ_{spl}。对于 $\alpha = 50°$ 情况，即使液滴以本章使用的最大韦伯数撞击时，仍未产生上游飞溅，因此图中对于 $\alpha = 50°$ 情况，$\varphi_{spl} = 0°$ 点没有数据。

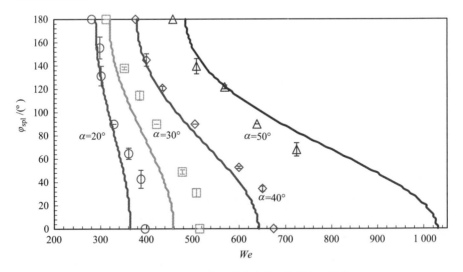

图 6 – 13　径向飞溅角与韦伯数及表面倾斜角度的关系
（书后附彩插）

图 6 – 13 中的实验数据是至少三次实验获得的平均值。从图中可知，在同一表面倾斜角度下，液膜飞溅部分随韦伯数的增加而增加。需要注意的是，径向飞溅角随韦伯数的增加而减小，因为根据其定义，径向飞溅角越小，液膜飞溅部分就越多。随着表面倾斜角度的增加，为了触发同样部分的液膜飞溅，就

需要更高的韦伯数。例如，在图 6 – 13 中，当径向飞溅角 $\varphi_{spl} \approx 90°$ 时：对于表面倾斜角度 $\alpha = 20°$ 情况，需要的韦伯数 $We = 330$；对于表面倾斜角度 $\alpha = 30°$ 情况，需要的韦伯数 $We = 422$；对于表面倾斜角度 $\alpha = 40°$ 情况，需要的韦伯数 $We = 505$；对于表面倾斜角度 $\alpha = 50°$ 情况，需要的韦伯数 $We = 639$。对于同样的表面倾斜角度增幅，触发下游飞溅所需的韦伯数增幅要小于触发上游飞溅所需的韦伯数增幅。例如，在图 6 – 13 中，表面倾斜角度从 20° 增加至 30°，触发下游飞溅所需的韦伯数增幅为 32，而触发上游飞溅所需的韦伯数增幅为 119。

6.5.2　理论分析

为了从理论上进一步理解 6.5.1 节的实验结果，在此把液滴撞击速度 V_0 分解为垂直于倾斜被撞击表面的分量 V_n 和平行于倾斜被撞击表面的分量 V_t，请参考图 6 – 1（a），分解后的两个速度如下：

$$\left.\begin{array}{l} V_n = V_0 \cos\alpha \\ V_t = V_0 \sin\alpha \end{array}\right\} \tag{6 – 1}$$

如 6.4 节所述，液滴撞击后形成的液膜在撞击早期可以被近似认为是圆形，因此可以利用图 6 – 1（c）所示的示意图，对在液膜圆周上点 G 处的平行于倾斜被撞击表面的分量 V_t 做进一步的分解，其可以被分解为与液膜圆周边缘相切的速度分量 $V_{t,t}$ 和与液膜圆周边缘垂直的速度分量 $V_{t,n}$，如图 6 – 1（c）所示。进一步分解后的速度可表示如下：

$$\left.\begin{array}{l} V_{t,n} = V_t \cos\varphi \\ V_{t,t} = V_t \sin\varphi \end{array}\right\} \tag{6 – 2}$$

式中，φ ——G 点对应的径向角度，其定义可参考图 6 – 1（c）及相关文字。

由于液膜的飞溅在表面倾斜方向的两侧是对称的，只研究单侧（即 $\varphi \in [0°, 180°]$）的液膜运动就足以描述液滴在倾斜表面的非对称飞溅。Gordillo 和 Riboux[19] 的研究认为，是液膜下方气体的润滑力主导了引起液滴飞溅的升力，而液膜上方由于气体的低压而引起的吸力在整个升力中是可以忽略不计的。这个气体润滑压力是与和液膜圆周边缘垂直的速度分量 $V_{l,n,\varphi}$ 成正比的，因此，该速度 $V_{l,n,\varphi}$ 需要在本节中进一步分析获得。然而，和液膜圆周边缘相切的速度分量 $V_{l,t,\varphi} = V_{t,t}$，它与引起液膜飞溅的升力没有任何关系，因此后续不再对其介绍。

和液膜圆周边缘垂直的速度分量 $V_{l,n,\varphi}$ 是由两个方面的效应叠加形成的：其一，由垂直于倾斜被撞击表面的分量 V_n 引起的液膜铺展速度 V_l；其二，液滴

液滴飞溅动力学

撞击速度 V_0 在平行于倾斜被撞击表面的分量为 V_t，进一步分解后，在垂直于液膜圆周边缘方向上的分量为 $V_{t,n}$。混合这两个效应，可以获得图 6-1（c）所示的 G 点上液膜向外铺展速度 $V_{1,n,\varphi}$，即

$$V_{1,n,\varphi} = V_1 - V_{t,n} = V_1 - V_0\sin\alpha\cos\varphi, \quad 0° \leqslant \varphi \leqslant 180° \qquad (6-3)$$

当 φ 为 $0°$、$180°$ 时，式（6-3）可转换为上、下游液膜前端的铺展速度，这与在第 5 章获得的公式是相同的，说明式（6-3）具有通用性。式中由 V_n 引起的液膜前端的铺展速度 V_1 可以使用 Riboux 和 Gordillo[17] 提出的模型求解：

$$V_1 = \sqrt{3}/2 \sqrt{\frac{D_0 V_n}{2T}} \qquad (6-4)$$

式中，T——从液滴首次接触被撞击表面为起点的时间。其中，$T = T_e$ 对应于液滴撞击后液膜产生的时刻。

由于液滴飞溅是由与在时刻 T_e 的当地液膜前端铺展速度 $V_{le,\varphi}$ 成正比的空气升力所驱动的，因此计算 T_e 成为最关键的问题，这也是 Riboux 和 Gordillo 模型[17] 的核心内容。无量纲化的液滴飞溅时刻可表示为 $t_e = 2T_e V_n/D_0$，基于动量守恒，Riboux 和 Gordillo[17] 获得了一个用于计算 t_e 的公式，该式被用于计算液滴垂直撞击后的飞溅时刻，通过把其中的撞击速度 V_0 替换为垂直被撞击表面的速度分量 V_n，得到计算由 V_n 引起的无量纲液膜飞溅时刻 t_e 公式：

$$\sqrt{3}/2 Re^{-1} t_e^{-1/2} + Re^{-2}Oh^{-2} = 1.21\, t_e^{3/2} \qquad (6-5)$$

式中，Re——雷诺数，$Re = \rho V_n D_0/(2\mu)$；

Oh——奥内佐格数，$Oh = \mu/\sqrt{\rho D_0 \sigma/2}$。

液膜出现时刻 T_e 对应的液膜前端向外铺展速度 $V_{le,n,\varphi}$ 对于分析飞溅形成的机理至关重要，为获得它的值，课题组首先使用式（6-5）计算获得由 V_n 引起的无量纲液膜出现时刻 t_e，将 T_e 代入式（6-4）可以获得该时刻对应的液膜向外铺展速度 V_{le}，最后将 V_{le} 代入式（6-3），即可获得 $V_{le,n,\varphi}$。基于这种方法获得的 $V_{le,n,\varphi}$ 与径向角 φ、表面倾斜角度 α 的关系曲线如图 6-14 所示。

图 6-14 对应的液滴撞击韦伯数 $We = 416$。图中，蓝色实线表示表面倾斜角度 $\alpha = 20°$ 时液膜铺展速度 $V_{le,n}$ 与径向角 φ 的关系；橙色虚线表示表面倾斜角度 $\alpha = 30°$ 时液膜铺展速度 $V_{le,n}$ 与径向角 φ 的关系；绿色虚线表示表面倾斜角度 $\alpha = 40°$ 时液膜铺展速度 $V_{le,n}$ 与径向角 φ 的关系；紫色点划线表示表面倾斜角度 $\alpha = 50°$ 时液膜铺展速度 $V_{le,n}$ 与径向角 φ 的关系；黑色实线表示液滴撞击水平表面形成飞溅的临界液膜前端运动速度 $V_{1,t}$；竖直的橙色细虚线指向 $\alpha = 30°$ 时对应的径向飞溅角 $\varphi_{\mathrm{spl},\alpha=30°}$；竖直的绿色细虚线指向 $\alpha = 40°$ 时对应的径向飞溅角 $\varphi_{\mathrm{spl},\alpha=40°}$。

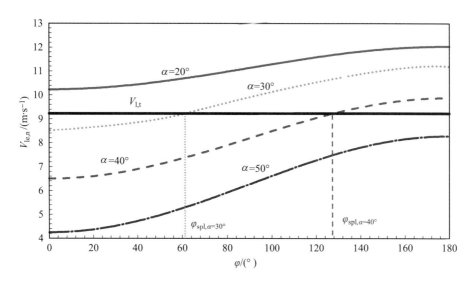

图 6 – 14 液膜前端速度与径向角、表面倾斜角度的关系
（书后附彩插）

液滴飞溅仅当液膜前端铺展速度高于某一个临界速度值 $V_{l,t}$ 时才会发生[38]。这个临界速度对于液滴撞击水平表面而言是确定的，因此可以使用这个值作为参考值来确定液滴撞击倾斜表面形成飞溅的临界参数。本章使用的液滴在常压下撞击水平表面所需的临界韦伯数 $We = 286$，将该值代入式（6 – 5），可以获得液膜出现时刻 T_e，将 T_e 代入式（6 – 4）即可得到 $V_{l,t}$，如图 6 – 14 中的黑色实线所示。当沿液膜圆周上某一个径向角 φ 值的 $V_{le,n,\varphi} > V_{l,t}$ 时，该点处的液膜在气动力的作用下离开表面形成飞溅，由于 $V_{le,n,\varphi}$ 随径向角 φ 的增加而单向增加，该 φ 值即液膜的飞溅径向角 φ_{spl}。也就是说，图 6 – 2（a）所示的 $\alpha = 20°$ 整个圆周上的液膜由于在液膜形成时刻的周向铺展速度均高于 $V_{l,t}$（图 6 – 14）而形成整个圆周的飞溅；图 6 – 2（b）（c）所示的 $\alpha = 30°$ 和 $\alpha = 40°$ 情况由于仅有部分液膜初始速度高于 $V_{l,t}$（图 6 – 14），因此仅有一部分液膜形成飞溅。当表面倾斜角度提高到 $\alpha = 50°$ 时，整个液膜圆周上的液膜初始速度均低于 $V_{l,t}$（图 6 – 14），因此液滴撞击后形成的液膜仅在被撞击表面上铺展，未出现飞溅，如图 6 – 2（d）所示。

对于在某一个表面倾斜角度 α 下能够形成飞溅的韦伯数，液滴撞击后出现液膜时刻液膜前端的运动速度 $V_{le,n,\varphi}$ 随径向角 φ 的增加而增加，直到 $V_{le,n,\varphi} = V_{l,t}$，该点标记液膜圆周上飞溅和沉积区域的分界。在图 6 – 14 中，该点对应于 $V_{le,n,\varphi}$ 与径向角 φ 曲线和临界液膜速度 $V_{l,t}$ 的交点，该点的位置定义了该表面倾斜角度下的径向飞溅角 $\varphi_{spl,\alpha}$。在图 6 – 14 中，标识出了 $\alpha = 30°$ 和 $\alpha = 40°$ 时的这些临界角度，分别表示 $\varphi_{spl,\alpha=30°}$ 和 $\varphi_{spl,\alpha=40°}$。在其他条件相同的情况下，当 $\varphi > \varphi_{spl,\alpha}$ 时，液膜发生飞溅。径向飞溅角的实际计算过程：在确定的撞击韦伯数 We 和表面倾斜角度 α 条件下，将已知的 $V_{le,n,\varphi}$ ($= V_{l,t}$) 代入式（6 – 3）~ 式（6 – 5），即可获得对应的 φ_{spl}。通过这种方式获得的 φ_{spl} 与撞击韦伯数 We、表面倾斜角度 α 的关系如图 6 – 13 中的曲线所示，这些预测的数据（以曲线表示）与实验结果（以符号表示）吻合得很好，这为建立模型时的假设（即液膜是否形成飞溅是由液膜形成时刻液膜前端向外铺展速度决定的）进一步提供了支持。

6.6 低压下液滴的径向飞溅角

本节将给出低压下液滴以不同的韦伯数撞击具有不同倾斜角度的表面后形成的径向飞溅角，并基于 6.5.2 节理论和液滴撞击水平表面情况下的临界压强，对低压下液滴的飞溅机理进行分析。

6.6.1 实验结果

本小节分别在固定的撞击韦伯数和固定的环境压强下，基于高速摄影技术来测量液滴径向飞溅角随相关参数变化的数据。

1. 固定韦伯数下的结果

图 6 – 15 所示为径向飞溅角 φ_{spl} 随环境压强 P 和表面倾斜角度 α 的变化，图中的实验数据是在固定的撞击韦伯数 $We = 593$ 情况下测试获得的，每个点均是从三次相同条件下的实验中获得的平均值，测点上的误差线表示标准偏差。图中，蓝色圆形表示 $\alpha = 20°$ 条件下的实验结果，蓝色实线表示理论预测值；橙色方块表示 $\alpha = 30°$ 条件下的实验结果，橙色实线表示理论预测值；绿色菱形表示 $\alpha = 40°$ 条件下的实验结果，绿色实线表示理论预测值；蓝色区域表示仅有液膜上游发生飞溅（即飞溅发生在 $0° \leqslant \varphi \leqslant \varphi_{spl,d}$ 区间的非正常飞溅类型）的压强区间，该现象仅在表面倾斜角度 $\alpha = 20°$ 情况下出现；橙色区域表示飞溅发生在 $\varphi_{spl,u} \leqslant \varphi \leqslant \varphi_{spl,d}$ 的压强区间，这种类型的非正常飞溅仅发生在 $\alpha = 30°$ 的情况下。

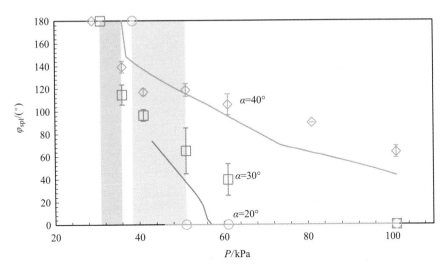

图 6 – 15　径向飞溅角 φ_{spl} 随环境压强 P 和表面倾斜角度 α 的变化

（书后附彩插）

从图 6 – 15 可知，发生非正常飞溅的区间随表面倾斜角度的增加而减小，例如，在 $\alpha = 20°$ 时，发生非正常飞溅的压强区间为 38.5 kPa $< P <$ 51 kPa；在 $\alpha = 30°$ 时，发生非正常飞溅的压强区间为 31 kPa $< P <$ 36 kPa；在本章实验条件下，当表面倾斜角度增加至 $\alpha = 40°$ 时，非正常飞溅消失。如图 6 – 15 中最左侧上部的点所示，抑制下游飞溅所需的临界压强随表面倾斜角度的增加而降低，这与第 5 章的研究结果吻合。该结果展示了液滴飞溅部分随环境气体压强变化的过程，这在飞溅抑制研究中尚属首次。

2. 固定环境压强下的结果

图 6 – 16 所示为径向飞溅角 φ_{spl} 随韦伯数 We 和表面倾斜角度 α 的变化，图中带误差线的符号表示实验结果，不同颜色的实线表示理论预测结果。图 6 – 16 中所有实验数据均为在固定的环境气体压强 $P = 51$ kPa 条件下测试获得的，为保证结果的重复性，每个点至少进行了三次实验，每个测点均为多次实验的平均值，测点上的误差线表示标准偏差。图中，蓝色圆形表示 $\alpha = 20°$ 条件下的实验结果，蓝色实线表示理论预测值；橙色方块表示 $\alpha = 30°$ 条件下的实验结果，橙色实线表示理论预测值；绿色菱形表示 $\alpha = 40°$ 条件下的实验结果，绿色实线表示理论预测值。

从图 6 – 9、图 6 – 10 及图 6 – 16 可知，在环境气体压强 $P = 51$ kPa 和不同的韦伯数条件下，三个表面倾斜角度下均未出现非正常飞溅。在相同的表面倾

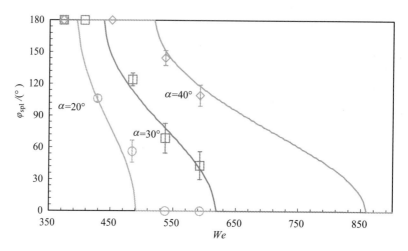

图 6-16　径向飞溅角 φ_{spl} 随韦伯数 We 和表面倾斜角度 α 的变化

（书后附彩插）

斜角度 α 条件下，径向飞溅角 φ_{spl} 随液滴撞击韦伯数 We 的增加而单调降低，表明液膜圆周上飞溅部分随韦伯数 We 的增加而单调增加；在相同韦伯数 We 条件下，径向飞溅角 φ_{spl} 随表面倾斜角度 α 的增加而增加，即液膜圆周上飞溅部分随表面倾斜角度 α 的增加而减小。

6.6.2　理论分析

液滴在低环境气体压强下撞击倾斜表面形成的现象非常复杂，为方便分析，本节将分固定韦伯数和固定环境气体压强两种情况对其进行理论分析，由此建立并经实验结果验证的理论是具有通用性的。

1. 固定韦伯数情况

第 5 章的结果表明，液滴在低压下的撞击倾斜表面形成的现象可以根据垂直撞击结果以及前述理论进行分析。

为分析低压下的实验结果，课题组首先通过实验测试了不同韦伯数 We（286~643）条件下，抑制液滴垂直撞击水平表面形成的飞溅所需的临界压强 P_T，如图 6-17 中的黑色圆形所示。图中，实线是在液滴撞击韦伯数 $We = 593$ 情况下，通过理论分析获得的当地等效垂直撞击韦伯数 $EOWN$ 与径向角 φ 的关系曲线；蓝色实线表示表面倾斜角度 $\alpha = 20°$ 情况下的当地 $EOWN$ 与径向角 φ 的关系曲线；橙色实线表示 $\alpha = 30°$ 情况下的当地 $EOWN$ 与 φ 的关系曲线；绿色实线表示 $\alpha = 40°$ 情况下的当地 $EOWN$ 与 φ 的关系曲线；实线箭头指向对应的坐标轴，点划线箭头表示计算在某一个径向角 φ 触发飞溅所需要临界压强 P_T 的过程中的信息流动方向。

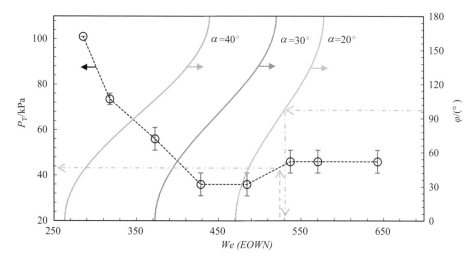

图 6 − 17　垂直撞击的临界压强 P_T 及当地等效垂直撞击韦伯数（*EOWN*）

（书后附彩插）

在测试临界压强的实验中，在接近临界压强的压强条件下均进行了三次以上的实验，以保证结果的可靠性，每个测点上的误差线表示不确定度。由于实验测点不可能是连续的，而总是有一定间隔，且微小的实验条件偏差都会产生不同的实验结果（尤其在靠近临界值附近），因此这些误差线的下缘均指三次以上实验的结果均为沉积的压强，而上缘均指三次以上实验的结果均为飞溅的压强，而临界压强是上缘、下缘的平均值。由图 6 − 17 可知，液滴垂直撞击的临界压强 P_T 随韦伯数 *We* 的增加而迅速下降，在韦伯数达到约 430 时达到局部最小值 36 kPa，此后保持平稳直到韦伯数增加至约 490，进一步增加韦伯数至约 540，临界压强增加至 46 kPa，此后保持平稳直至本章实验最高韦伯数 643。临界压强 P_T 与撞击韦伯数 *We* 之间的非单调趋势与 Xu 等[42] 的发现和本书第 5 章的发现是一致的，说明该实验结果是可靠的。

在第 5 章中，仅定义了液滴撞击倾斜表面后液膜下游最底部一点的等效垂直撞击速度和等效垂直撞击韦伯数概念，本章将研究对象扩展为液膜外边缘的整个圆周，因此这两个概念也需要进一步扩充。按第 5 章的思路，仍然假设在同样的环境气体压强下，在垂直撞击和倾斜撞击两种情况下，若要使液膜形成飞溅，则液膜边缘的向外铺展速度应该是相等的。因此，需要确定在这两种情况下，液膜达到相同的向外铺展速度所需的条件。在倾斜撞击情况下，液膜外缘圆周各处的向外铺展速度都是不同的，无法直接应用等效概念，因此需要进一步扩展等效参数的定义。在倾斜撞击情况下，等效参数只能在当地建立，即在径向角为 φ 的点 G 处（参考图 6-1（c））可建立一个确定的等效参数，但是在不同的 φ 需要建立不同的等效参数，因此需要定义当地等效参数。

图 6-18 所示为当地等效垂直撞击速度（local $EOIV$）的概念示意图。图 6-18（a）所示为倾斜撞击情况下形成液膜的上视图，具体视图方向可以参考图 6-1（a）；图中的参数定义与图 6-1（c）一致；$V_{\text{le},n,\varphi}$ 是在确定的表面倾斜角度 α 和撞击速度 V_0 条件下，在液膜首次出现时刻，点 G 液膜边缘法向向外的运动速度，其中 G 点位于液膜边缘径向角为 φ 处，黑色粗箭头指向平行于倾斜表面向下方向。图 6-18（b）所示为垂直撞击情况下形成液膜的侧视图，V_{le} 是在液滴撞击速度 V_0 被设定为等于 $EOIV$ 情况下，在液膜首次出现时刻，液膜边缘任一点向外铺展的速度。

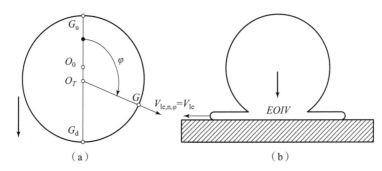

图 6-18　当地等效垂直撞击速度 $EOIV$ 概念的示意图

图 6-18 中，液滴以速度 V_0 撞击倾斜角度为 α 的表面后，在液膜初次出现时刻 T_e，在径向角 φ 处（G 点）形成了向外铺展速度 $V_{\text{le},n,\varphi}$。假设存在某一个等效的垂直撞击速度 $EOIV$，使得当同样的液滴以速度 $EOIV$ 垂直撞击水平表面后，在液膜初次出现时刻 T_e，形成的液膜向外铺展速度 V_{le} 等于 $V_{\text{le},n,\varphi}$，则该速度 $EOIV$ 即该点处的当地等效垂直撞击速度。改变径向角值，按同样的步骤就可以获得不同角度处的当地 $EOIV$。

求解当地 $EOIV$ 的步骤：首先，将确定的撞击条件（V_0, α, φ）代入式（6-3）~式（6-5），可以求得 $V_{\text{le},n,\varphi}$；然后，将获得的 V_{le}（$= V_{\text{le},n,\varphi}$）代入式（6-4）和式（6-5），可以求得相应的当地 $EOIV$。将韦伯数计算公式中的撞击速度 V_0 替换为当地 $EOIV$，即可获得当地等效垂直撞击韦伯数（local $EOWN$）。

基于以上方法，利用式（6-3）~式（6-5）就可以获得不同韦伯数和表面倾斜角度条件下，沿液膜圆周不同位置的当地 $EOWN$。对于 $We = 593$ 的情况，不同表面倾斜角度下的当地 $EOWN$ 与径向角 φ 的关系如图 6-17 中不同颜

色的实线所示。然后，按照图 6 – 17 中点划线箭头所示的步骤，首先在图 6 –
17 中右侧坐标轴上选取感兴趣的径向角 φ，然后在图中对感兴趣的表面倾斜
角度 α 确定相应的当地 $EOWN$，最后根据垂直撞击的临界压强 P_T 与韦伯数 We
关系曲线，根据 $We = EOWN$ 插值获得抑制该当地 $EOWN$ 情况下发生的飞溅所
需的临界压强 P_T，即其对应的确定撞击条件（V_0, α, φ）下的临界压强。

　　基于上述方法获得临界压强如图 6 – 19 所示。图中，液滴撞击韦伯数为
$We = 593$，蓝色实线对应于表面倾斜角度 $\alpha = 20°$ 情况下的理论临界压强值与
径向角 φ 的关系曲线；橙色实线对应于 $\alpha = 30°$ 情况下的理论临界压强值与径
向角 φ 的关系曲线；绿色实线对应于 $\alpha = 30°$ 情况下的理论临界压强值与径向
角 φ 的关系曲线；蓝色透明区域表示 $\alpha = 20°$ 情况下出现非正常飞溅的压力范
围，橙色透明区域表示 $\alpha = 30°$ 情况下出现非正常飞溅的压力范围；虚线表示
环境气体压强 $P = 80$ kPa；带箭头的绿色点划线表示从已知的压强 P 确定径向
飞溅角 φ_{spl} 过程中信息的流动方向。

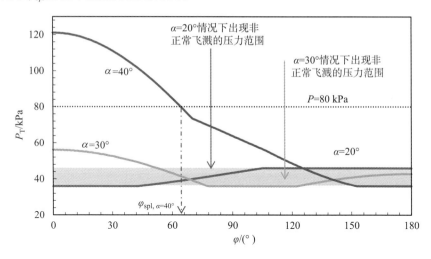

图 6 – 19　理论临界压强与径向角的关系曲线
（书后附彩插）

　　由图 6 – 19 可知，当表面倾斜角度 $\alpha = 40°$ 时，理论临界压强随径向角的
增加而单调降低，这与图 6 – 8 所示的实验现象是一致的。当 $\alpha = 30°$ 时，临
界压强随径向角的增加先是降低，在径向角约 80° 时，达到当地最小值 $P_T =$
36 kPa，此后保持稳定直到 $\varphi = 123°$，进一步增加径向角 φ，P_T 随之上升，
在 $\varphi = 180°$ 时，P_T 增加到 42.8 kPa，这与图 6 – 6 所示的实验现象是吻合的。
当 $\alpha = 20°$ 时，当径向角 $\varphi < \sim 45°$ 时，临界压强保持常数 $P_T = 36$ kPa；此后，
临界压强随径向角的增加而增加，直到 $\varphi \approx 105°$ 时，临界压强 P_T 增加至

46 kPa；在 $\varphi > \sim 105°$ 范围内继续增加径向角，临界压强保持不变，这个趋势可以很好地解释图 6 - 7（c）（d）中形成的上游飞溅。在图 6 - 19 中，蓝色透明区域表示在 $\alpha = 20°$ 情况下出现上游飞溅的压力范围为 36 ~ 46 kPa；橙色透明区域表示在 $\alpha = 30°$ 情况下出现非正常飞溅的压力范围为 36 ~ 43 kPa；理论预测的不同表面倾斜角度下出现非正常飞溅的压强范围与图 6 - 15 中的压力范围定性吻合。图 6 - 15 表明，在 $\alpha = 20°$ 情况下出现非正常飞溅的压力范围大于在 $\alpha = 30°$ 情况下出现非正常飞溅的压力范围；图 6 - 19 的理论预测显示了同样的趋势，这表明理论预测的临界压强是合理的。

使用图 6 - 19 中的数据，就可以获取在确定的环境气体压强下的径向飞溅角。具体过程：选取一个确定的环境压强（如 $P = 80$ kPa），该压强与临界压强的交点对应于该压强下，液滴以确定条件（如 $We = 593$，$\alpha = 40°$）撞击后的径向飞溅角，如图 6 - 19 中绿色点划线箭头指向径向飞溅角 $\varphi_{\text{spl}, \alpha = 40°}$ 所示。需要指出的是，图 6 - 19 中的蓝色和橙色区域所示的非正常飞溅压强区间的径向飞溅角计算非常复杂，容易引起混淆。因此，本章在计算径向飞溅角时，均在这两个区域以外进行，而对这两个区域内的非正常飞溅现象进行单独分析。这样获取的三种表面倾斜角度下的径向飞溅角如图 6 - 15 中的彩色实线所示。

对于 $\alpha = 20°$ 的情况，图 6 - 19 中显示当环境压强 P 高于 46 kPa 时，由于任意径向角对应的临界压强 P_{T} 均低于环境压强 P，因此液滴撞击后形成液膜完全飞溅，即当 $P > 46$ kPa 时，径向飞溅角 $\varphi_{\text{spl}} = 0°$，如图 6 - 15 中的蓝色实线所示，这与图 6 - 7 所示的实验现象、图 6 - 15 所示的实验数据都是吻合的；环境压强 P 低于 46 kPa 而高于 36 kPa 时，会出现非正常飞溅，将在后续进一步分析。

对于 $\alpha = 30°$ 的情况，图 6 - 19 中显示当环境压强 P 高于 42.8 kPa 时，液滴撞击后出现正常的飞溅现象，根据前述方法获得不同环境压强下的径向飞溅角如图 6 - 15 中的橙色实线所示。结果表明，在非正常飞溅区间外，径向飞溅角随环境压强的降低而增加，这与图 6 - 6 所示的实验现象、图 6 - 15 中的实验数据是吻合的。$\alpha = 30°$ 情况下的非正常飞溅将在后续进一步分析。

对于 $\alpha = 40°$ 的情况，在图 6 - 19 中显示，当环境压强 P 高于 36 kPa 时，液滴撞击后出现正常的飞溅现象，低于该值后飞溅被完全抑制，在整个压强区间内并未出现非正常飞溅。根据前述方法获得不同环境压强下的径向飞溅角如图 6 - 15 中的绿色实线所示，在整个实验压强区间内，径向飞溅角随环境压强的降低而增加，这与图 6 - 8 所示的实验现象、图 6 - 15 中的实验数据也是吻合的。

为便于分析三种表面倾斜角度下复杂的实验现象，下面分别给出三种情况下的理论临界压强值与径向角的关系曲线。

　　首先，给出基于前述理论和垂直撞击的临界压强计算得出的理论临界压强值与径向角的关系曲线，如图 6 - 20 所示，撞击条件为韦伯数 $We = 593$，表面倾斜角度 $\alpha = 30°$。图中，橙色实线为理论临界压强值；黑色实线表示压强 $P = 39$ kPa；黄色区域为液滴撞击后沉积，不出现飞溅的压强区域；橙色区域为液滴撞击后出现非正常飞溅的压强区间；绿色区域为液滴撞击后出现正常飞溅的压强区间；两个点划线箭头分别指向压强 $P = 39$ kPa 情况下非正常飞溅在液膜圆周上的起点和终点。

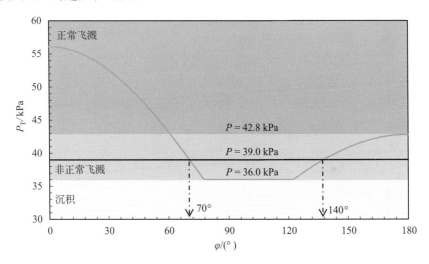

图 6 - 20　理论临界压强与径向角的关系曲线（$\alpha = 30°$）

（书后附彩插）

　　由图 6 - 20 可知，在韦伯数 $We = 593$ 和表面倾斜角度 $\alpha = 30°$ 条件下，正常飞溅（即飞溅区间为 $180° > \varphi > \varphi_{spl}$ 的情况）发生在环境压强高于 $P = 42.8$ kPa 时，非正常飞溅（这里指飞溅区间为 $\varphi_{spl,u} \leq \varphi \leq \varphi_{spl,d}$ 的情况）发生在环境压强区间 36 kPa $< P <$ 42.8 kPa，当环境压强低于 $P = 36$ kPa 后，整个液膜圆周上的飞溅均被抑制，液滴撞击后沉积在被撞击表面上。

　　下面将在非正常飞溅区间选取某一个压强值来详细分析非正常飞溅形成的机制。如图 6 - 20 所示，当径向角 $\varphi < \sim 70°$ 或者 $\varphi > \sim 140°$ 时，抑制当地飞溅所需的临界压强均高于压强 $P = 39$ kPa，即当环境压强 $P = 39$ kPa 时，在 $\varphi < \sim 70°$ 和 $\varphi > \sim 140°$ 区间里的飞溅可被抑制；而当 $70° < \varphi < 140°$ 时，抑制当地飞溅所需的临界压强均低于压强 $P = 39$ kPa，即当环境压强 $P = 39$ kPa 时，$70° < \varphi < 140°$ 区间内液膜的飞溅未被抑制。

　　以上分析很好地解释了上游飞溅的形成机制。图 6 - 6（c）所示的实验现象表明液膜发生飞溅的径向角区间为 $71° \leqslant \varphi \leqslant 127°$，这与理论预测值能合理吻合。

需要说明的是，图 6 – 6（c）实验对应的环境压强 $P = 33$ kPa，根据图 6 – 20 所示的理论预测结果，在该压强下液滴撞击后是不应该出现飞溅的，因此这里存在误差。这个误差是与对垂直撞击临界压强测试的误差相关联的，当垂直撞击情况下临界压强的测试误差大时，理论预测的临界压强值也将有较大的误差。课题组的理论预测结果可以很好地定性解释非正常飞溅的形成机理，然而在具体数值上尚存在偏差。

下面给出韦伯数 $We = 593$ 和表面倾斜角度 $\alpha = 30°$ 条件下，基于前述理论和垂直撞击的临界压强计算得出理论临界压强值与径向角的关系曲线，如图 6 – 21 所示。图中，蓝色实线为理论临界压强值，黑色虚线表示压强 $P = 43$ kPa，黑色实线表示压强 $P = 41$ kPa；黄色区域为液滴撞击后沉积，不出现飞溅的压强区域；蓝色区域为液滴撞击后出现非正常飞溅的压强区间；绿色区域为液滴撞击后出现正常飞溅的压强区间；两个虚线箭头分别指向压强 $P = 43$ kPa 和 $P = 41$ kPa 情况下非正常飞溅在液膜圆周上的终点。

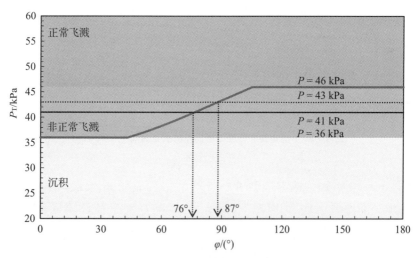

图 6 – 21　理论临界压强与径向角的关系曲线 （$\alpha = 20°$）

（书后附彩插）

由图 6 – 21 可知，在韦伯数 $We = 593$ 和表面倾斜角度 $\alpha = 20°$ 条件下，正常飞溅（即飞溅区间为 $180° > \varphi > \varphi_{spl}$ 的情况）发生在环境压强高于 $P = 46$ kPa 时，非正常飞溅（这里指飞溅区间为 $0° \leqslant \varphi \leqslant \varphi_{spl,d}$ 的情况）发生在环境压强区间 36 kPa $< P < 46$ kPa，当环境压强低于 $P = 36$ kPa 后，整个液膜圆周上的飞溅均被抑制，液滴撞击后沉积在被撞击表面上。在此，取非正常飞溅区间的一个压强值（以图 6 – 21 中的 $P = 41$ kPa 为例）来详细分析非正常飞溅形成的机

制。如图 6 – 21 所示，当径向角 $\varphi > \sim 76°$ 时，抑制当地飞溅所需的临界压强均高于压强 $P = 41$ kPa，即当环境压强 $P = 41$ kPa 时，在 $\varphi > \sim 76°$ 区间里的飞溅可被抑制；而当径向角在 $0° < \varphi < \varphi_{\mathrm{spl,d}}$（$\sim 76°$）区间时，抑制当地飞溅所需的临界压强均低于压强 $P = 41$ kPa，即当环境压强 $P = 41$ kPa 时，$0° < \varphi < \varphi_{\mathrm{spl,d}}$（$\sim 76°$）区间内液膜的飞溅未被抑制。以上分析很好地解释了上游飞溅的形成机制。图 6 – 7（d）所示的实验现象表明飞溅发生在 $0° < \varphi \leqslant 68°$ 区间，这与图 6 – 21 的理论预测值合理吻合。进一步提高环境压强至 $P = 43$ kPa，非正常飞溅发生的径向角区间也随之扩大至 $0° < \varphi < \varphi_{\mathrm{spl,d}}$（$\sim 87°$），这与图 6 – 7（c）（d）显示出来的飞溅区间变化趋势也一致。

最后，给出韦伯数 $We = 593$ 和表面倾斜角度 $\alpha = 40°$ 条件下，基于前述理论和垂直撞击的临界压强计算得出理论临界压强值与径向角的关系曲线，如图 6 – 22 所示。图中绿色实线为理论临界压强值。黄色区域为液滴撞击后沉积，不出现飞溅的压强区域，绿色区域为液滴撞击后出现正常飞溅的压强区间。

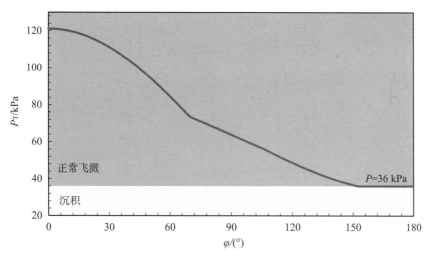

图 6 – 22　理论临界压强与径向角的关系曲线（$\alpha = 40°$）

（书后附彩插）

当表面倾斜角度增加至 $\alpha = 40°$ 时，液滴以撞击表面后并未出现非正常飞溅现象，正常飞溅发生在环境压强高于 36 kPa 时，当环境压强低于 36 kPa 后，整个液膜圆周上的飞溅均被抑制，液滴撞击后沉积在被撞击表面上。这与图 6 – 8 所示的实验现象、图 6 – 15 所示的实验数据吻合。

2. 固定环境气体压强情况

基于第 5 章的研究思路和前面对于当地等效垂直撞击韦伯数 $EOWN$ 的定义

及当地 $EOWN$ 的计算方法，可获得表面倾斜角度为 $\alpha = 20°$ 条件下，液滴以不同撞击韦伯数 We 撞击表面后的当地 $EOWN$ 随径向角 φ 的变化曲线，与垂直撞击的临界压强 P_T 随韦伯数 We 的变化曲线一起绘制在图 6 - 23 中。图中，黑色圆形表示不同韦伯数 We （286 ~ 643） 条件下，抑制液滴垂直撞击水平表面形成的飞溅所需要的临界压强 P_T，误差线表示不确定性；红色实线、橙色实线、浅绿色实线、深绿色实线、蓝色实线和紫色实线分别对应于液滴以韦伯数 We 为 346、406、471、541、615 和 695 撞击情况下的当地 $EOWN$ 随径向角 φ 的变化曲线；带箭头的橙色点划线表示计算在某一个径向角 φ 和某一韦伯数 We 条件下触发飞溅所需要临界压强 P_T 的过程中的信息流动方向；实线箭头指向对应的坐标轴。

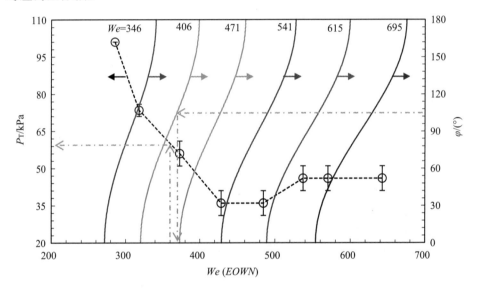

图 6 - 23　垂直撞击的临界压强 P_T 及当地等效垂直撞击韦伯数 $EOWN$（$\alpha = 20°$）

（书后附彩插）

图 6 - 23 的数据为计算确定某一韦伯数 We 和径向角 φ 下的临界压强 P_T 提供了基础，图中带箭头的橙色点划线给出了确定临界压强 P_T 过程中的信息流动方向。确定临界压强 P_T 的思路：首先，选取一个确定的韦伯数 We 和一个确定的径向角 φ，如图中的 $We = 406$ 和 $\varphi = 100°$，以此出发可以确定所选取条件下的当地 $EOWN$；然后，根据垂直撞击的临界压强 P_T 与韦伯数 We 关系曲线，以 $We = （EOWN）$ 插值获得抑制该当地 $EOWN$ 情况下发生飞溅所需的临界压强 P_T，即可获得对应的确定撞击条件（We, α, φ）下的临界压强。具体的计算临界压强的过程：将已知的撞击条件（We, α, φ）代入式（6 - 3）~

式（6−5），求出液膜出现时刻、当地液膜向外铺展速度 $V_{le,n,\varphi}$，将由此获得的 $V_{le}(=V_{le,n,\varphi})$ 代入式（6−4）和式（6−5），可以求得相应的当地 $EOIV$，将当地 $EOIV$ 代入韦伯数计算公式即可获得当地 $EOWN$，最后根据 $We=EOWN$ 和垂直撞击的临界压强曲线插值获得（We,α,φ）条件下的临界压强。

　　按照上述方法，可以获得抑制液滴以不同韦伯数 We 撞击 $\alpha=20°$ 表面形成飞溅所需的临界压强 P_{T} 与径向角 φ 之间的关系，如图 6−24 所示。图中，红色实线、橙色实线、浅绿色实线、深绿色实线、蓝色实线和紫色实线对应于液滴分别以韦伯数 We 为 346、406、471、541、615 和 695 撞击情况下的临界压强 P_{T} 随径向角 φ 的变化曲线；黑色虚线标注的是 $P=51\ kPa$；带箭头的点划线表示计算径向飞溅角过程中的信息流动方向。

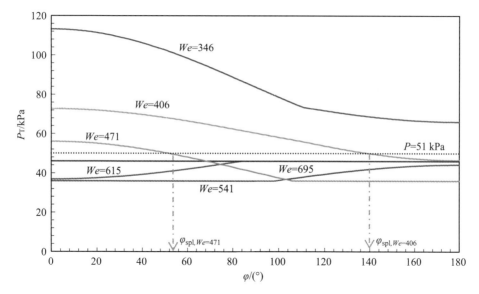

图 6−24　理论临界压强与径向角的关系曲线（$\alpha=20°$）

（书后附彩插）

　　从图 6−24 可知，$We=346$ 条件下，整个液膜圆周上的临界压强都高于 $P=51\ kPa$，说明在该压强下，液滴的飞溅被完全抑制；$We=406$ 和 $We=471$ 条件下，液膜圆周上部分区域的临界压强低于 $P=51\ kPa$，说明在该压强下，液膜局部的飞溅未被抑制，未被抑制的飞溅部分随韦伯数的提高而增加，这两条 P_{T} 与 φ 的曲线和直线 $P=51\ kPa$ 的交点，分别对应于两种韦伯数条件下，当环境压强 $P=51\ kPa$ 时的径向飞溅角，在图中分别以 $\varphi_{spl,We=406}$ 和 $\varphi_{spl,We=471}$ 来表示；进一步增加韦伯数（在 541～695 的范围内），所有径向角 φ 对应的临界压强均低于 $P=51\ kPa$，说明在 $P=51\ kPa$ 和这些韦伯数条件下，整个液膜圆周上都出现了飞溅，即 $\varphi_{spl} = 0°$。此外，图 6 – 24 还表明，由于压强 $P =$ 51 kPa 位于能产生非正常飞溅的压强区域以上，因此在本章实验中未观测到非正常飞溅。

通过上述方法，获得在表面倾斜角度 $\alpha = 20°$ 和环境压强 $P = 51$ kPa 条件下，液滴以不同韦伯数撞击表面形成飞溅的径向飞溅角如图 6 – 16 中的蓝色实线所示。蓝色实线可以和实验测量的径向飞溅角很好地吻合，说明本章的分析方法可靠、准确。

下面针对表面倾斜角度为 $\alpha = 30°$ 条件，采用前述方法来获得液滴以不同撞击韦伯数 We 撞击表面后的当地 $EOWN$ 随径向角 φ 的变化曲线，与垂直撞击的临界压强 P_T 随韦伯数 We 的变化曲线一起绘制在图 6 – 25 中。图中，黑色圆形表示不同韦伯数 We（286 ~ 643）条件下，抑制液滴垂直撞击水平表面形成的飞溅所需的临界压强 P_T，误差线表示不确定性；红色实线、橙色实线、浅绿色实线、深绿色实线、蓝色实线和紫色实线对应于液滴以韦伯数 We 分别为 406、471、541、615、695、779 撞击情况下的当地 $EOWN$ 随径向角 φ 的变化曲线；带箭头的橙色点划线表示计算在某一个径向角 φ 和某一韦伯数 We 条件下触发飞溅所需要临界压强 P_T 的过程中的信息流动方向；实线箭头指向对应的坐标轴。

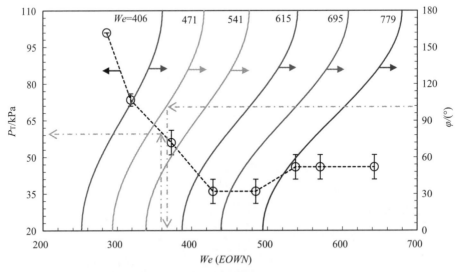

图 6 – 25　垂直撞击的临界压强 P_T 及当地等效垂直撞击韦伯数 $EOWN$（$\alpha = 30°$）

（书后附彩插）

图 6 – 25 中带箭头的橙色点划线给出了确定临界压强 P_T 过程中的信息流动方向。确定临界压强 P_T 的思路：首先，选取一个确定的韦伯数 We 和一个确定的径向角 φ，如图中的 $We = 471$ 和 $\varphi = 100°$，以此出发可以确定所选取条

件下的当地 *EOWN*；然后，根据垂直撞击的临界压强 P_T 与韦伯数 *We* 关系曲线，以 *We* = （*EOWN*）插值获得抑制该当地 *EOWN* 情况下发生的飞溅所需的临界压强 P_T，这样就获得了对应的确定撞击条件（*We*, α, φ）下的临界压强。具体计算过程请参考图 6 – 23 下的说明，在此不再赘述。

按照上述方法，可以获得抑制液滴以不同韦伯数 *We* 撞击 α = 30° 表面形成飞溅所需的临界压强 P_T 与径向角 φ 之间的关系如图 6 – 26 所示。图中，红色实线、橙色实线、浅绿色实线、深绿色实线、蓝色实线和紫色实线对应于液滴分别以韦伯数 *We* 为 406、471、541、615、695、779 撞击情况下的临界压强 P_T 随径向角 φ 的变化曲线；黑色虚线标注的是 *P* = 51 kPa；带箭头的点划线指向相应韦伯数在 *P* = 51 kPa 条件下的径向飞溅角。

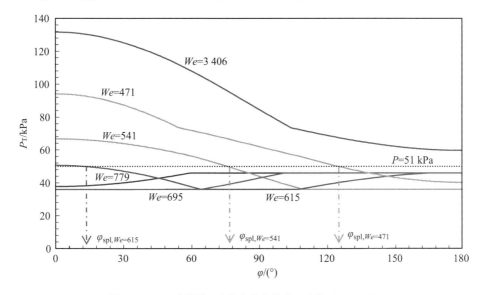

图 6 – 26　理论临界压强与径向角的关系曲线（α = 30°）

（书后附彩插）

从图 6 – 26 可知，在 *We* = 406 条件下，整个液膜圆周上的临界压强都高于 *P* = 51 kPa，说明在该压强下，液滴的飞溅被完全抑制；在 *We* 为 471、541、615 的条件下，液膜圆周上部分区域的临界压强低于 *P* = 51 kPa，说明在该压强下，液膜局部的飞溅未被抑制，未被抑制的飞溅部分随韦伯数的提高而增加（径向飞溅角随韦伯数的提高而减小），这三条 P_T 与 φ 的曲线和直线 *P* = 51 kPa 的交点，分别对应于三种韦伯数和环境压强 *P* = 51 kPa 条件下的径向飞溅角，在图中分别以 $\varphi_{\mathrm{spl},We=471}$、$\varphi_{\mathrm{spl},We=541}$ 和 $\varphi_{\mathrm{spl},We=615}$ 表示；进一步提高韦伯数（695 和 779），所有径向角 φ 对应的临界压强均低于 *P* =

液滴飞溅动力学

51 kPa 和这些韦伯数条件下，整个液膜圆周上都出现了飞溅，即 $\varphi_{\mathrm{spl}} = 0°$。此外，图 6 - 26 同样表明，由于压强 $P = 51$ kPa 位于能产生非正常飞溅的压强区域以上，因此在本章实验中未观测到非正常飞溅。

通过上述方法获得的表面倾斜角度 $\alpha = 30°$ 和环境压强 $P = 51$ kPa 条件下，液滴以不同韦伯数撞击表面形成飞溅的径向飞溅角如图 6 - 26 中的橙色实线所示。橙色实线可以和实验测量的径向飞溅角很好地吻合，这进一步说明了本章的分析方法可靠、准确。

最后，针对表面倾斜角度为 $\alpha = 40°$ 条件，本章采用同样的方法获得了液滴以不同撞击韦伯数 We 撞击表面后的当地 $EOWN$ 随径向角 φ 的变化曲线，与垂直撞击的临界压强 P_{T} 随韦伯数 We 的变化曲线一起绘制在图 6 - 27 中。图中，黑色圆形表示不同韦伯数 We（286～643）条件下，抑制液滴垂直撞击水平表面形成的飞溅所需的临界压强 P_{T}，误差线表示不确定性。红色实线、橙色实线、浅绿色实线、深绿色实线、蓝色实线和紫色实线对应于液滴分别以韦伯数 We 为 471、541、615、695、779、868、962 撞击情况下的当地 $EOWN$ 随径向角 φ 的变化曲线；带箭头的橙色点划线表示计算在某一个径向角 φ 和某一韦伯数 We 条件下触发飞溅所需临界压强 P_{T} 的过程中的信息流动方向；实线箭头指向对应的坐标轴。

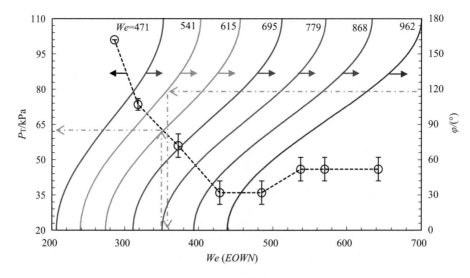

图 6 - 27   垂直撞击的临界压强 P_{T} 及当地等效垂直撞击韦伯数 $EOWN$（$\alpha = 40°$）

（书后附彩插）

图 6 - 27 中带箭头的橙色点划线给出了确定临界压强 P_{T} 过程中的信息流动方向，确定临界压强 P_{T} 的思路和计算方法与表面倾斜角度 α 分别为 20° 和 30° 的

情况下相同，具体请参考图 6 - 23 下的说明，这里不再赘述。此外，图中的当地 *EOWN* 与径向角 φ 间的坡度随撞击韦伯数而增加，说明撞击速度的提升可显著影响当地 *EOWN*，尤其可显著加大液膜上下游对应的当地 *EOWN* 之间的差距。

按照上述方法，可以获得抑制液滴以不同韦伯数 *We* 撞击 $\alpha = 40°$ 表面形成飞溅所需的临界压强 P_T 与径向角 φ 之间的关系，如图 6 - 28 所示。图中，红色实线、橙色实线、浅绿色实线、深绿色实线、蓝色实线和紫色实线对应于液滴分别以韦伯数 *We* 为 471、541、615、695、779、868 和 962 撞击情况下的临界压强 P_T 随径向角 φ 的变化曲线；黑色虚线标注的是 $P = 51\ kPa$；带箭头的点划线指向相应韦伯数在 $P = 51\ kPa$ 条件下的径向飞溅角。

从图 6 - 28 可知，在韦伯数 *We* 为 471、541、615、695 条件下，液膜圆周上部分区域的临界压强低于 $P = 51\ kPa$，说明在该压强下，液膜局部的飞溅未被抑制，未被抑制的飞溅部分随韦伯数的提高而增加（径向飞溅角随韦伯数的提高而减小），这四条 P_T 与 φ 的曲线和直线 $P = 51\ kPa$ 的交点，分别对应于三种韦伯数和环境压强 $P = 51\ kPa$ 条件下的径向飞溅角，在图中分别以 $\varphi_{spl,We=471}$、$\varphi_{spl,We=541}$、$\varphi_{spl,We=615}$、$\varphi_{spl,We=695}$ 来表示；进一步提高韦伯数（779 ~ 962），所有径向角 φ 对应的临界压强均低于 $P = 51\ kPa$，说明在 $P = 51\ kPa$ 和这些韦伯数条件下，整个液膜圆周上都出现了飞溅，即 $\varphi_{spl} = 0°$。此外，图 6 - 28 表明，由于压强 $P = 51\ kPa$ 位于能产生非正常飞溅的压强区域以上，因此在实验中未观测到非正常飞溅。

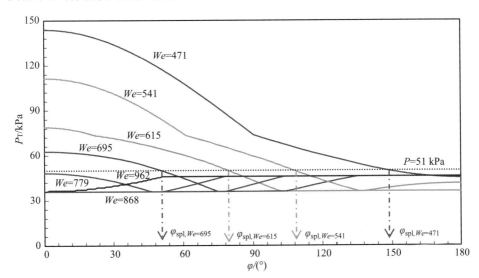

图 6 - 28　理论临界压强与径向角的关系曲线（$\alpha = 40°$）

（书后附彩插）

通过上述方法获得的表面倾斜角度 $\alpha = 40°$ 和环境压强 $P = 51$ kPa 条件下，液滴以不同韦伯数撞击表面形成飞溅的径向飞溅角如图 6 – 16 中的绿色实线所示。绿色实线可以和实验测量的径向飞溅角很好地吻合，为本章分析方法的准确性进一步提供了支撑。

6.7　小　　结

为研究液滴飞溅过程的三维演化，本章发展了一种新的观测方法——通过从透明的被撞击表面以下以液滴为透镜来观测撞击过程，研究了液滴在不同的环境压强下撞击不同倾斜角度表面形成的非对称飞溅，发现了三个新的现象：

（1）在液滴撞击倾斜表面的早期，液膜近似保持圆形向四周扩展。

（2）在常压条件下，液滴飞溅的区域（以沿圆形液膜向下的径向飞溅角 φ_{spl} 来表示）随撞击韦伯数 We 的增加和表面倾斜角度 α 的减小而单调增加（径向飞溅角 φ_{spl} 减小）。

（3）在低压条件下，观察到了此前未被报道过的非正常飞溅。在不同的表面倾斜角度 α、撞击韦伯数 We 和环境压强 P 条件下，测量了径向飞溅角 φ_{spl} 的变化；并在不同的表面倾斜角度 α 和撞击韦伯数 We 条件下，测量了描述液滴铺展直径比的变化，获得了大量的定量结果。

在第 5 章提出的二维液膜铺展模型基础上，本章将其扩展为三维模型来描述液滴倾斜撞击过程中液膜圆周各点处的运动规律。基于该模型，本章对观测到的各种飞溅现象的形成机理进行了剖析，并发展了预测径向飞溅角的方法，据此获得的预测结果可以与实验测试结果吻合得很好。此外，前述分析表明，液膜前端的运动速度决定了飞溅是否出现，即使在非正常飞溅情况下，这个结论也适用。

本章的结果为基于表面倾斜角度和环境气体压强来发展潜在的液滴飞溅控制策略提供了基础，可以首次实现对液滴飞溅位置和区域的过程性控制，而此前对于飞溅的控制仅可进行飞溅出现或者不出现的选择性控制。

参 考 文 献

[1] JOSSERAND C, THORODDSEN S T. Drop impact on a solid surface [J]. Annu.

Rev. Fluid Mech. , 2016, 48: 365 – 391.

[2] YARIN A L. Drop impact dynamics: splashing, spreading, receding, bouncing…
[J]. Annu. Rev. Fluid Mech. , 2006, 38: 159 – 192.

[3] THORODDSEN S T, ETOH T G, TAKEHARA K. High – speed imaging of
drops and bubbles [J]. Annu. Rev. Fluid Mech. , 2008, 40: 257 – 285.

[4] LIANG G, MUDAWAR I. Review of drop impact on heated walls [J]. Int.
J. Heat Mass Tran. , 2017, 106: 103 – 126.

[5] WORTHINGTON A M. On the forms assumed by drops of fluids falling vertically
on a horizontal plate [J]. Proc. R. Soc. Lond, 1876, 25: 261 – 272.

[6] STOW C D, HADFIELD M G. An experimental investigation of fluid flow resul-
ting from the impact of a water drop with an unyielding dry surface [J]. Proc.
R. Soc. A, 1981, 373: 419 – 441.

[7] MUNDO C, SOMMERFELD M, TROPEA C. Droplet – wall collisions: experi-
mental studies of the deformation and breakup process [J]. Int. J. Multiphase
Flow, 1995, 21: 151 – 173.

[8] THORODDSEN S T, TAKEHARA K, ETOH T G. Micro – splashing by drop
impacts [J]. J. Fluid Mech. , 2012, 706: 560 – 570.

[9] XU L. Liquid drop splashing on smooth, rough, and textured surfaces [J].
Phys. Rev. E. , 2007, 75, 056316.

[10] LIU J, VU H, YOON S S, et al. Splashing phenomena during liquid droplet impact
[J]. Atom. Spray, 2010, 20: 297 – 310.

[11] LIU Y, TAN P, XU L. Kelvin – Helmholtz instability in an ultrathin air film
causes drop splashing on smooth surfaces [J]. Proc. Natl. Acad. Sci. U. S. A. ,
2015, 112: 3280 – 3284.

[12] JIAN Z, JOSSERAND C, POPINET S, et al. Two mechanisms of droplet
splashing on a solid substrate [J]. J. Fluid Mech. , 2018, 835: 1065 –
1086.

[13] MANDRE S, MANI M, BRENNER M P. Precursors to splashing of liquid
droplets on a solid surface [J]. Phys. Rev. Lett. , 2009, 102: 134502.

[14] MANDRE S, BRENNER M P. The mechanism of a splash on a dry solid surface
[J]. J. Fluid Mech. , 2012, 690: 148 – 172.

[15] KOLINSKI J M, RUBINSTEIN S M, MANDRE S, et al. Skating on a film of
air: Drops impacting on a surface [J] . Phys. Rev. Lett. , 2012, 108:
074503.

[16] DUCHEMIN L, JOSSERAND C. Rarefied gas correction for the bubble entrapment singularity in drop impacts [J]. C. R. Mec. , 2012, 340: 797 – 803.

[17] RIBOUX G, GORDILLO J M. Experiments of drops impacting a smooth solid surface: a model of the critical impact speed for drop splashing [J]. Phys. Rev. Lett. , 2014, 113, 024507.

[18] RIBOUX G, GORDILLO J M. Boundary – layer effects in droplet splashing [J]. Phys. Rev. E. , 2017, 96: 013105.

[19] GORDILLO J M, RIBOUX G. A note on the aerodynamic splashing of droplets [J]. J. Fluid Mech. , 2019, 871: R3.

[20] RIOBOO R, TROPEA C, MARENGO M. Outcomes from a drop impact on solid surfaces [J]. Atom. Spray, 2001, 11: 155 – 165.

[21] PALACIOS J, HERNANDEZ J, GOMEZ P, et al. Experimental study of splashing patterns and the splashing/deposition threshold in drop impacts onto dry smooth solid surfaces [J]. Exp. Therm. Fluid Sci. , 2013, 44: 571 – 582.

[22] HAO J. Effect of surface roughness on droplet splashing [J]. Phys. Fluids, 2017, 29: 122105.

[23] STEVENS C S, LATKA A, NAGEL S R. Comparison of splashing in high – and low – viscosity liquids [J]. Phys. Rev. E. , 2014, 89: 063006.

[24] DE GOEDE T C, LAAN N, DE BRUIN K G, et al. Effect of wetting on drop splashing of newtonian fluids and blood [J]. Langmuir, 2018, 34 (18): 5163 – 5168.

[25] QUINTERO E S, RIBOUX G, GORDILLO J M. Splashing of droplets impacting super hydrophobic substrates [J]. J. Fluid Mech. , 2019, 870: 175 – 188.

[26] QUETZERI – SANTIAGO M A, YOKOI K, CASTREJ6N – PITA A A, et al. The role of the dynamic contact angle on splashing [J]. Phys. Rev. Lett. , 2019, 122: 228001.

[27] RANGE K, FEUILLEBOIS F. Influence of surface roughness on liquid drop impact [J]. J Colloid Interface Sci. , 1998, 203: 16 – 30.

[28] XU L, BARCOS L, NAGEL S R. Splashing of liquids: interplay of surface roughness with surrounding gas [J]. Phys. Rev. E. , 2007, 76: 066311.

[29] LATKA A, STRANDBURG – PESHKIN A, DRISCOLL M M, et al. Creation of prompt and thin – sheet splashing by varying surface roughness or increasing air pressure [J]. Phys. Rev. Lett. , 2012, 109: 054501.

[30] ROISMAN I, LEMBACH A, TROPEA C. Drop splashing induced by target roughness and porosity：the size plays no role [J]. Adv. Colloid Interfac. , 2015, 222：615 – 621.

[31] BIRD J C, TSAI S, STONE H A. Inclined to splash：triggering and inhibiting a splash with tangential velocity [J]. New J. Phys. , 2009, 11：063017.

[32] HAO J, GREEN S I. Splash threshold of a droplet impacting a moving substrate [J]. Phys. Fluids, 2017, 29：012103.

[33] ALMOHAMMADI H, AMIRFAZLI A. Understanding the drop impact on moving hydrophilic and hydrophobic surfaces [J]. Soft Matter, 2017, 13：2040 – 2053.

[34] RAMAN K A. Normal and oblique droplet impingement dynamics on moving dry walls [J]. Phys. Rev. E. , 2019, 99：053108.

[35] ŠIKALO Š, TROPEA C, GANIC E N. Impact of droplets onto inclined surfaces [J]. J. Colloid Interf. Sci. , 2005, 286：661 – 669.

[36] COURBIN L, BIRD J C, STONE H A. Splash and anti – splash：observation and design [J]. Chaos, 2006, 16：041102.

[37] ABOUD D G K, KIETZIG A M. Splashing threshold of oblique droplet impacts on surfaces of various wettability [J] . Langmuir, 2015, 31：10100 – 10111.

[38] HAO J, LU J, LEE L, et al. Droplet splashing on an inclined surface [J]. Phys. Rev. Lett. , 2019, 122：054501.

[39] STAAT H J J, TRAN T, GEERDINK B, et al. Phase diagram for droplet impact on superheated surfaces [J]. J. Fluid Mech. , 2015, 779：R3.

[40] RIBOUX G, GORDILLO J M. Maximum drop radius and critical Weber number for splashing in the dynamical Leidenfrost regime [J]. J. Fluid Mech. , 2016, 803：516 – 527.

[41] HOWLAND C J, ANTKOWIAK A, CASTREJ6N – PITA J R, et al. It's harder to splash on soft solids [J]. Phys. Rev. Lett. , 2016, 117：184502.

[42] XU L, ZHANG W W, NAGEL S R. Drop splashing on a dry smooth surface [J]. Phys. Rev. Lett. , 2005, 94：184505.

[43] DRISCOLL M M, NAGEL S R. Ultrafast interference imaging of air in splashing dynamics [J]. Phys. Rev. Lett. , 2011, 107：154502.

[44] VAN DER VEEN R C A, TRAN T, LOHSE D, et al. Direct measurements of air layer profiles under impacting droplets using high – speed color interferometry

[J]. Phys. Rev. E. , 2012, 85: 026315.

[45] LIU Y, TAN P, XU L. Compressible air entrapment in high – speed drop impacts on solid surfaces [J]. J. Fluid Mech. , 2013, 716: R9.

[46] DE RUITER J, LAGRAAUW R, VAN DEN ENDE D, et al. Wettability – independent bouncing on flat surfaces mediated by thin air films [J]. Nat. Phys. , 2015, 11: 48 – 53.

[47] LI E Q, THORODDSEN S T. Time – resolved imaging of a compressible air disc under a drop impacting on a solid surface [J]. J. Fluid Mech. , 2015, 780: 636 – 648.

[48] LO H Y, LIU Y, XU L. Mechanism of contact between a droplet and an atomically smooth substrate [J]. Phys. Rev. X, 2017, 7: 021036.

[49] LI E Q, LANGLEY K R, TIAN Y S, et al. Double contact during drop impact on a solid under reduced air pressure [J]. Phys. Rev. Lett. , 2017, 119: 214502.

[50] THORAVAL M J, TAKEHARA K, ETOH T G, et al. Drop impact entrapment of bubble rings [J]. J. Fluid Mech. , 2016, 724: 234 – 258.

第 7 章

总结与展望

　　液滴撞击固体表面形成的飞溅是流体力学中一个非常美丽又吸引人的现象，涉及气体、液体、固体三相间的高速动力学，其形成机理迄今尚未形成共识。本书使用高速摄影技术从四个角度研究了液滴的飞溅现象，发现了大量新现象，从理论上分析了这些现象的形成机理，建立了预测模型，并将理论值和实验结果进行了对比验证，为液滴飞溅的后续研究提供了新的思路和方法。

　　本书主要完成了以下工作：

　　（1）从背景、飞溅、铺展的角度介绍了液滴撞击固体壁面的研究现状；分别从气体、液体、固体三个角度介绍了实验搭建方法，并介绍了常用的观测工具和观测方法；重点介绍了液滴撞击壁面形成飞溅的理论分析方法，并给出了几种常用的液滴铺展计算模型。

　　（2）发现了液滴在切向速度作用下形成的上游强化飞溅可以通过降低环境气体压力而得到抑制，并获得了不同液滴直径、冲击速度、黏性、表面运动速度下抑制飞溅所需的临界值；基于空气动力学解释了液滴非对称飞溅及其抑制机理，通过扩展一个求解液滴冲击光滑静止表面后飞溅临界值的模型，使其可以包含表面运动速度的影响，并成功地将在一系列试验条件下获得的临界值坍缩到了一条曲线上。

　　（3）通过大量液滴撞击粗糙表面的实验研究，发现了液滴皇冠型飞溅与表面粗糙度之间的非单调关系，表面粗糙度对于皇冠型飞溅的这种非单调影响随液滴表面张力系数的降低而弱化。临界韦伯数和飞溅参数可以坍缩部分实验数据，但无法解释轻微粗糙表面能显著强化高表面张力液滴的飞溅，但对低表面张力液滴飞溅的影响微弱的现象。通过研究液滴在不同粗糙度表面上的铺展，发现高表面张力液滴湿润面积扩展速度随表面粗糙度增加而降低，而表面粗糙度对于低表面张力液滴铺展直径的影响是很微弱的，这解释了轻微粗糙表面对不同表面张力液滴飞溅的影响。

（4）通过在真空室中开展液滴倾斜撞击实验，研究了液滴在不同环境压力下撞击倾斜表面的飞溅现象，获得了一系列条件下抑制液滴飞溅所需的临界条件，通过对撞击过程的机理分析，建立了一个理论模型，模型计算结果可以很好地吻合一系列条件下的实验结果。这些结果清楚地解释了液滴在倾斜表面形成非对称飞溅的机理。同时，实验研究和理论分析均表明，液滴撞击后形成的液膜前端速度决定了液滴是否发生飞溅。

（5）通过从透明的被撞击表面以下以液滴为透镜来观测撞击过程，研究了液滴在不同的环境压强下撞击不同倾斜角度表面形成的非对称飞溅，发现了三个新的现象：其一，在液滴撞击倾斜表面的早期，液膜近似保持圆形向四周扩展；其二，在常压条件下，液滴飞溅的区域随撞击韦伯数的增加和表面倾斜角度的减小而单调增加；其三，在低压条件下，观察到了此前从未被报道过的非正常飞溅。在第 6 章将第 5 章的二维模型扩展为三维模型，用于描述液滴倾斜撞击过程中液膜圆周各点处的运动规律，据此获得的预测结果可以与实验测试结果吻合得很好。此外，前述分析表明，液膜前端的运动速度决定了飞溅是否出现，即使在非正常飞溅情况下，这个结论也适用。本部分的结果为基于表面倾斜角度和环境气体压强来发展潜在的液滴飞溅控制策略提供了基础，可以首次实现对液滴飞溅位置和区域的过程性控制，而此前对于飞溅的控制仅可进行飞溅的开关控制。

在本书的实验条件下，课题组发现液滴的飞溅是由液膜前端的运动速度决定的，这个原理的适应性如此之强，以至于在低环境压强下甚至可以形成非正常飞溅，这个结论为进一步研究飞溅机理提供了新的思路和方向。

但是，本书的研究并未将飞溅形成的底层机理理解透彻，对于究竟是什么样的机制使得液膜前端的运动速度能决定是否出现飞溅仍不清楚。Riboux 等基于气动力的模型既无法解释液滴下游飞溅的临界压强与表面倾斜角度的非单调关系，也无法解释液滴在倾斜表面上的非正常飞溅；近年来，关于液膜底部气体薄层的实验研究均未证实 Mandre 等基于液膜底部气体薄层动力学的学说；Xu 的基于 Kelvin – Helmholtz 不稳定性的飞溅形成机理也有赖于液膜底部存在气体薄层，同样尚无法被实验证实。此外，在本书的研究范围内，液滴撞击速度仍远远小于声速，距离航空航天应用中的高速还有很大距离；进一步降低环境压强至完全真空条件下研究液滴的撞击，也是另一项有望在不久的将来完成的课题；本书仅考虑了表面粗糙度对液滴飞溅的影响，而表面粗糙度可以显著影响表面的润湿性，润湿性对于液滴撞击的影响是学术研究的热点，但是表面粗糙度和润湿性通常并未被同时考虑。

液滴的飞溅不仅美丽，同时也是在各种工农业、航空航天应用中广泛存在的流体现象，飞溅机理的理解也不仅仅是学术上的进步，同时有望极大地促进基于液滴的各种实际应用的发展。例如，国内外普遍认为能引起未来新一轮工业革命的增材制造，其机理为将材料熔融后形成液滴逐点增加材料，最终累积成结构件，而液滴速度提高后形成飞溅则限制了增材制造的加工速度，因此对飞溅机理的理解有助于研发抑制飞溅的技术，从而提高增材制造的加工速度；其他类似应用的提速（如喷墨打印用于制作微电子部件等）也有赖于飞溅机理基础研究的进步。

相信在学者们的共同努力下，飞溅形成的机理能在不久的将来获得充分理解。

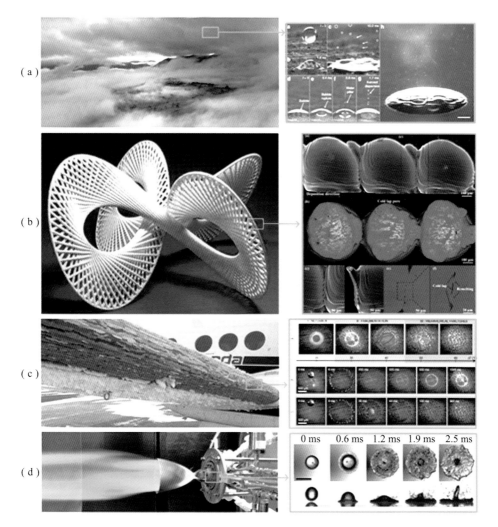

图 1-1　自然界和工农业应用实例（左）及其中的液滴碰撞现象（右）

（a）云层及液滴碰撞形成构成云层的气溶胶[5]；（b）三维打印及材料液滴的碰撞[6]；

（c）翼面结冰及水滴的成冰过程[7]；（d）液体火箭发动机燃烧及燃烧室内液滴撞过热壁面[8]

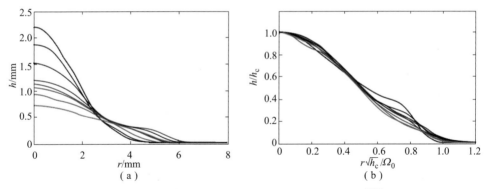

图1-7　液滴撞击固体表面后中心截面轮廓随时间的变化[80]

（a）实验轮廓；（b）式（1-2）重新校准的轮廓

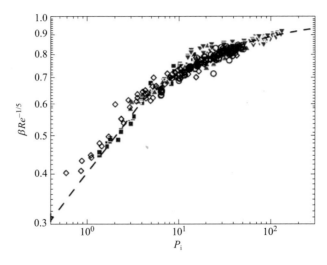

图1-9　不同液滴以不同速度碰撞实验结果（符号）及式（1-4）的结果（虚线）[72]

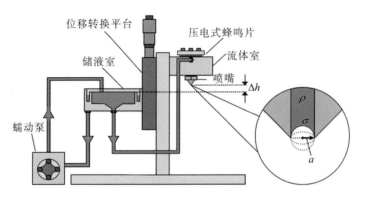

图2-6　压电式DOD装置示意图[14]

ρ—液滴密度；σ—液滴表面张力系数；a—喷嘴出口半径

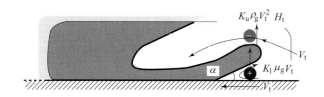

图 2 - 22　液膜前端作用的气动力示意图[25]

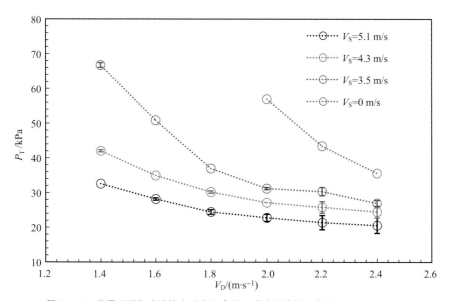

图 3 - 10　临界压强与液滴撞击速度和表面运动速度的关系曲线（D=3.1 mm）

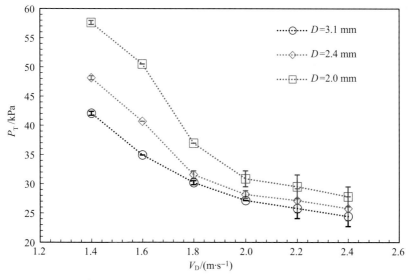

图 3 - 11　临界压强与液滴撞击速度和液滴直径的关系曲线（V_S=4.3 m/s）

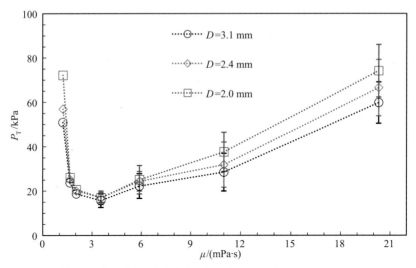

图 3-12 临界压强与液滴黏性和液滴直径的关系曲线（$V_D = 1.6$ m/s；$V_S = 3.5$ m/s）

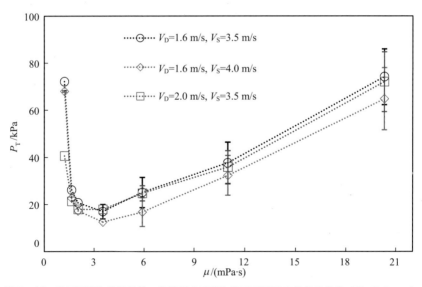

图 3-13 临界压强与液滴黏性、液滴撞击速度和表面运动速度的关系曲线（$D = 2.0$ mm）

（a）　　　　　　　　　　　　　（b）

图 4-3 水液滴撞击粗糙表面形成的两种典型飞溅

（a）微液滴飞溅；（b）皇冠型飞溅

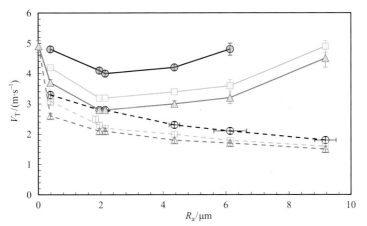

图 4 - 21   不同直径水液滴的临界速度随表面粗糙度变化的曲线

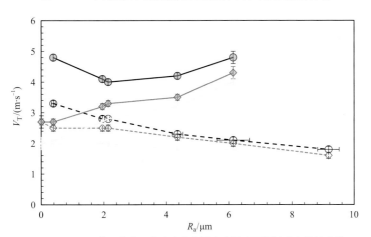

图 4 - 22   不同表面张力系数液滴的临界速度随表面粗糙度变化的曲线

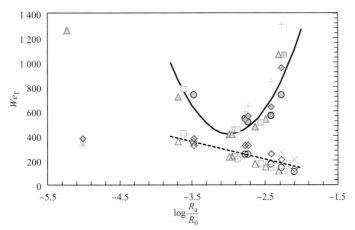

图 4 - 25   仅对不同直径水液滴 V_{T2} 计算出的 We_T 拟合的曲线

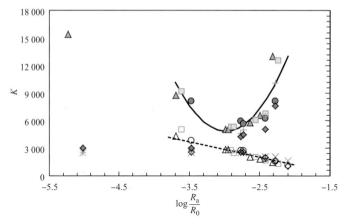

图 4 - 26　仅对不同直径水液滴 V_{T2} 计算出的 K 拟合的曲线

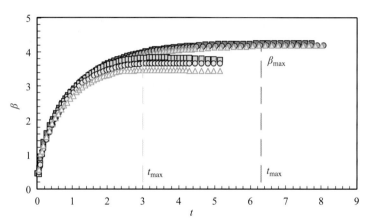

图 4 - 27　水液滴和乙醇液滴撞击不同粗糙表面后 β 随 t 变化的曲线

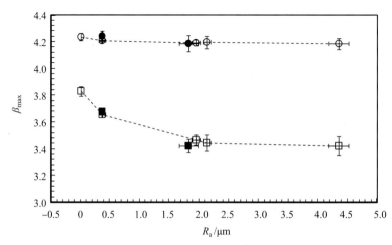

图 4 - 28　液滴最大铺展比例 $\beta_{\max}$ 随表面粗糙度变化的曲线

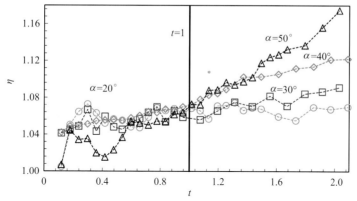

图6-11 液滴铺展直径比随无量纲时间的变化曲线

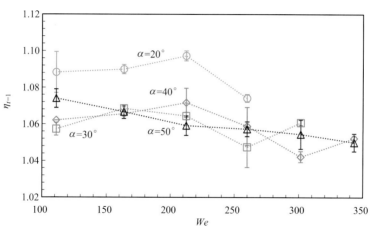

图6-12 t=1时刻的液滴铺展直径比与韦伯数和表面倾斜角度的关系

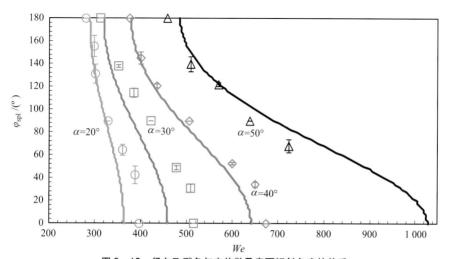

图6-13 径向飞溅角与韦伯数及表面倾斜角度的关系

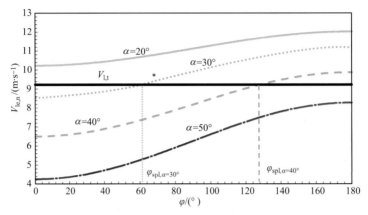

图 6 − 14　液膜前端速度与径向角、表面倾斜角度的关系

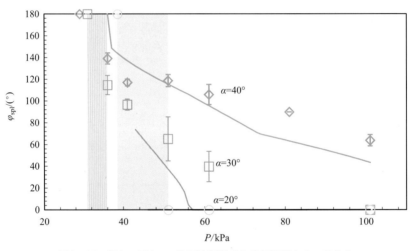

图 6 − 15　径向飞溅角 φ_{spl} 随环境压强 P 和表面倾斜角度 α 的变化

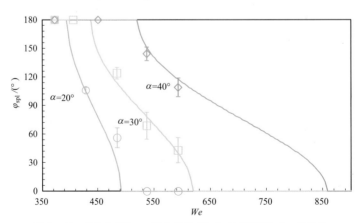

图 6 − 16　径向飞溅角 φ_{spl} 随韦伯数 We 和表面倾斜角度 α 的变化

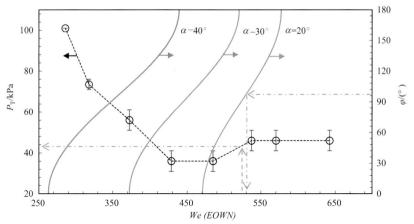

图 6-17 垂直撞击的临界压强 P_T 及当地等效垂直撞击韦伯数 （$EOWN$）

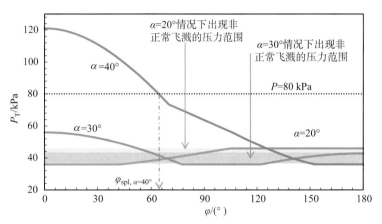

图 6-19 理论临界压强与径向角的关系曲线

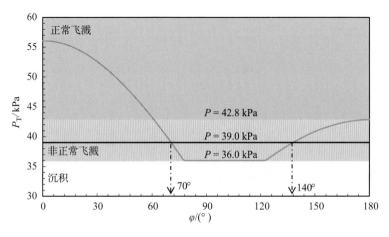

图 6-20 理论临界压强与径向角的关系曲线 （$\alpha = 30°$）

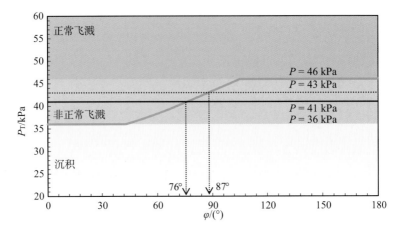

图 6-21 理论临界压强与径向角的关系曲线（α=20°）

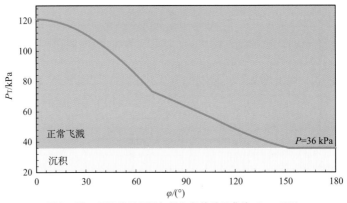

图 6-22 理论临界压强与径向角的关系曲线（α=40°）

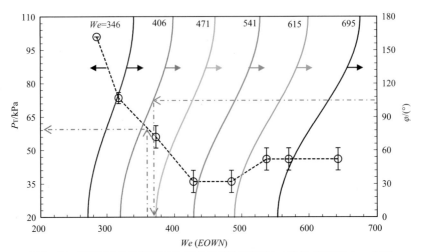

图 6-23 垂直撞击的临界压强 P_T 及当地等效垂直撞击韦伯数 $EOWN$（α=20°）

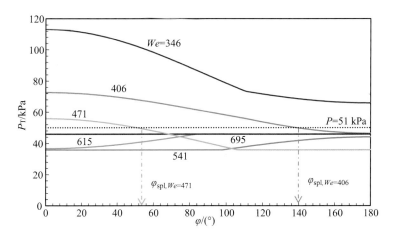

图 6 - 24　理论临界压强与径向角的关系曲线（α = 20°）

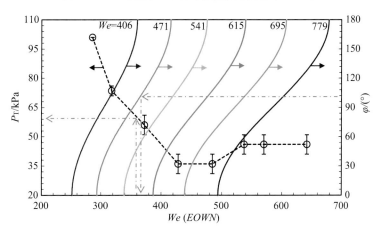

图 6 - 25　垂直撞击的临界压强 P_T 及当地等效垂直撞击韦伯数 $EOWN$（α = 30°）

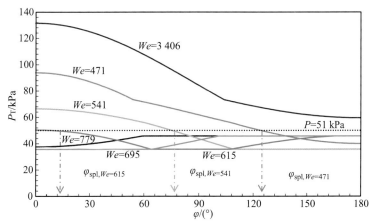

图 6 - 26　理论临界压强与径向角的关系曲线（α = 30°）

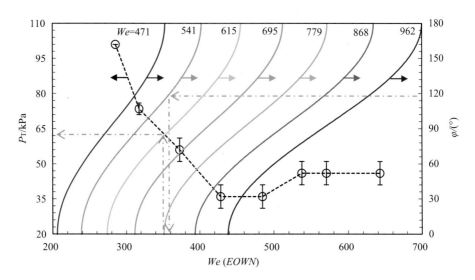

图 6-27　垂直撞击的临界压强 P_T 及当地等效垂直撞击韦伯数 $EOWN$ （$\alpha = 40°$）

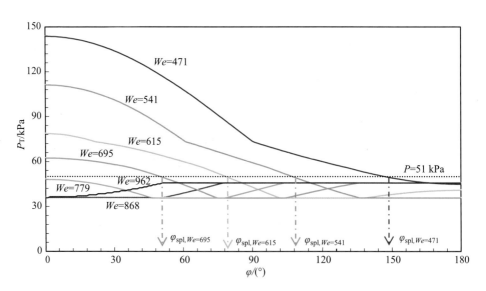

图 6-28　理论临界压强与径向角的关系曲线 （$\alpha = 40°$）